U0183818

Office

2021 办公应用
从入门到精通

梁义涛
胡江汇 ◎编著

北京大学出版社
PEKING UNIVERSITY PRESS

内 容 简 介

本书通过精选案例引导读者深入学习，系统地介绍 Office 2021 办公应用的相关知识和应用方法。

本书分为 4 篇，共 13 章。第 1 篇为 Word 办公应用篇，主要介绍 Word 2021 的基本操作、使用图和表格美化 Word 文档及长文档的排版等；第 2 篇为 Excel 办公应用篇，主要介绍 Excel 2021 的基本操作、初级数据处理与分析，以及图表、透视表、公式和函数的应用等；第 3 篇为 PPT 办公应用篇，主要介绍 PowerPoint 2021 的基本操作和演示文稿的动画及放映设置等；第 4 篇为高效办公篇，主要介绍使用 Outlook 处理办公事务、收集和处理工作信息、办公中必备的技能及 Office 2021 组件间的协作等。

本书既适合 Office 2021 办公应用初级、中级用户学习，也可以作为各类院校相关专业学生和 Office 2021 办公应用培训班学员的教材或辅导用书。

图书在版编目（CIP）数据

Office 2021 办公应用从入门到精通 / 梁义涛，胡江汇编著 .—北京：北京大学出版社 ,2022.6
ISBN 978-7-301-31165-3

Ⅰ.①O… Ⅱ.①梁… ②胡… Ⅲ.①办公自动化 – 应用软件 Ⅳ.① TP317.1

中国版本图书馆 CIP 数据核字 (2022) 第 066068 号

书　　　名	Office 2021 办公应用从入门到精通
	OFFICE 2021 BANGONG YINGYONG CONG RUMEN DAO JINGTONG
著作责任者	梁义涛 胡江汇 编著
责 任 编 辑	王继伟
标 准 书 号	ISBN 978-7-301-31165-3
出 版 发 行	北京大学出版社
地　　　址	北京市海淀区成府路 205 号　100871
网　　　址	http://www.pup.cn　　　新浪微博：@ 北京大学出版社
电 子 邮 箱	编辑部 pup7@pup.cn　总编室 zpup@pup.cn
电　　　话	邮购部 010-62752015　发行部 010-62750672　编辑部 010-62570390
印 刷 者	三河市北燕印装有限公司
经 销 者	新华书店
	787 毫米 ×1092 毫米　16 开本　19 印张　474 千字
	2022 年 6 月第 1 版　2024 年 11 月第 2 次印刷
印　　　数	4001—6000 册
定　　　价	79.00 元

前言

Office 2021 很神秘吗?

不神秘!

学习 Office 2021 难吗?

不难!

阅读本书能掌握 Office 2021 的使用方法吗?

能!

为什么要阅读本书

如今,Office 2021 已成为人们日常工作、学习和生活中必不可少的工具之一,不仅大大地提高了工作效率,而且为人们的生活带来了极大的便利。本书从实用的角度出发,结合实际应用案例,模拟真实的办公环境,介绍 Office 2021 的使用方法与技巧,旨在帮助读者全面、系统地掌握 Office 2021 的应用。

本书内容导读

本书分为 4 篇,共 13 章,内容如下。

第 1 篇(第 1 ～ 3 章)为 Word 办公应用篇,共 27 段教学视频,主要介绍 Word 中的各种操作。通过对本篇的学习,读者可以掌握 Word 2021 的基本操作、使用图和表格美化 Word 文档及长文档的排版等。

第 2 篇(第 4 ～ 7 章)为 Excel 办公应用篇,共 33 段教学视频,主要介绍 Excel 2021 中的各种操作。通过对本篇的学习,读者可以掌握 Excel 2021 的基本操作、初级数据处理与分析,以及图表、透视表、公式和函数的应用等。

第 3 篇(第 8 ～ 9 章)为 PPT 办公应用篇,共 19 段教学视频,主要介绍 PowerPoint 2021 中的各种操作。通过对本篇的学习,读者可以掌握 PowerPoint 2021 的基本操作和演示文稿的动画及放映设置等。

第 4 篇(第 10 ～ 13 章)为高效办公篇,共 20 段教学视频,主要介绍 Office 高效办公。通过对本篇的学习,读者可以掌握使用 Outlook 处理办公事务、收集和处理工作信息、办公中的必备技能及 Office 2021 组件间的协作等。

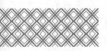

📖 选择本书的 N 个理由

① 简单易学，案例为主

本书以案例为主线，贯穿知识点，实操性强，与读者需求紧密结合，模拟真实的工作环境，帮助读者解决在工作中遇到的问题。

② 高手支招，高效实用

本书的"高手支招"板块提供了大量实用技巧，既能满足读者的阅读需求，也能解决在工作中遇到的一些常见问题。

③ 举一反三，巩固提高

本书的"举一反三"板块提供了与本章知识点有关或类型相似的综合案例，帮助读者巩固和提高所学内容。

④ 海量资源，实用至上

本书赠送大量实用模板、实用技巧及学习辅助资料等，便于读者结合赠送资料学习。

☢ 赠送资源

① 11 小时名师视频指导

教学视频涵盖本书所有知识点，详细讲解了每个案例的操作过程和关键点。读者可以更轻松地掌握 Office 2021 的使用方法和技巧，而且扩展性讲解部分可使读者获得更多的知识。

② 超多、超值资源大奉送

随书奉送本书素材文件和结果文件、通过互联网获取学习资源和解题方法、办公类手机 App 索引、办公类网络资源索引、《Office 2021 快捷键查询手册》电子书、1000 个 Office 常用模板、《Excel 函数查询手册》电子书、Windows 11 操作教学视频、《微信高手技巧随身查》电子书、《QQ 高手技巧随身查》电子书、《高效人士效率倍增手册》电子书，以及教学 PPT 等超值资源，以方便读者扩展学习。

📁 配套资源下载

① 下载地址

请读者关注封底"博雅读书社"微信公众号，找到"资源下载"栏目，输入图书 77 页的资源下载码，根据提示获取。

② 使用方法

下载配套资源到电脑端，打开相应的文件夹即可查看对应的资源。每章所用到的素材文件均在"素材及结果 \ 素材 \ch*"文件夹中，读者在操作时可随时取用。

本书读者对象

（1）没有任何办公软件应用基础的初学者。

（2）有一定办公软件应用基础，想精通 Office 2021 的人员。

（3）有一定办公软件应用基础，没有实战经验的人员。

（4）大专院校及培训学校的教师和学生。

创作者说

本书由龙马高新教育策划，由河南工业大学的梁义涛和胡江汇编著，为读者精心呈现。另外，参与本书素材收集、资料整理、多媒体开发的人员有闫志全、张强、刘琳琳、李向阳、刘鑫磊、王耀启、曹浩浩、路阳、张芷若、彭松、陈静雯、贺金龙等。读者读完本书后，会惊奇地发现"我已经是 Office 2021 办公达人了"，这也是让编者最欣慰的结果。

在编写过程中，我们竭尽所能地为读者呈现最好、最全的实用功能，但仍难免有疏漏和不妥之处，敬请广大读者不吝指正。若读者在学习过程中产生疑问或有任何建议，可以通过 E-mail 与我们联系。

读者邮箱：2751801073@qq.com

投稿邮箱：pup7@pup.cn

目录 CONTENTS

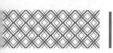

高手支招

第3章 Word高级应用——长文档的排版

■ 本章9段教学录像

在办公与学习中，经常会遇到包含大量文字的长文档，如毕业论文、个人合同、公司合同、企业管理制度、施工组织设计资料、产品说明书等。使用Word提供的创建和更改样式、插入页眉和页脚、插入页码、创建目录等功能，可以方便地对这些长文档进行排版。本章以排版施工组织设计资料为例，介绍长文档的排版技巧。

高手支招

第2篇 Excel办公应用篇

第4章 Excel 2021的基本操作

■ 本章10段教学录像

Excel 2021提供了创建工作簿与工作表、输入和编辑数据、插入行与列、设置文本格式等功能，可以方便地记录和管理数据。本章以制作公司员工考勤表为例，介绍Excel表格的基本操作。

第 5 章　初级数据处理与分析

📽 本章 7 段教学录像

在工作中，经常对各种类型的数据进行处理和分析。

Excel 具有处理与分析数据的能力，设置数据的有效性可以防止输入错误数据；使用排序功能可以将数据表中的内容按照特定的规则排序；使用筛选功能可以将满足用户条件的数据单独显示；使用条件格式功能可以直观地突出重要值；使用合并计算和分类汇总功能可以对数据进行分类或汇总。本章以统计商品库存明细表为例，介绍使用 Excel 处理和分析数据的操作。

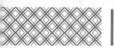
第6章　中级数据处理与分析——图表和透视表的应用

本章8段教学录像

在 Excel 中使用图表不仅能使数据的统计结果更直观、更形象，还能清晰地反映数据的变化规律和发展趋势。使用图表可以制作产品统计分析表、预算分析表、工资分析表、成绩分析表等。本章主要介绍创建图表、图表的设置和调整、添加图表元素及创建数据透视表和数据透视图等。

🛠 高手支招

第7章　高级数据处理与分析——公式和函数的应用

本章8段教学录像

公式和函数是 Excel 的重要组成部分，有着强大的计算能力，为用户分析和处理工作表中的数据提供了很大的方便。使用公式和函数可以节省处理数据的时间，降低在处理大量数据时的出错率。本章通过制作企业员工工资明细表来学习公式和函数的使用方法。

第 3 篇　PPT 办公应用篇

第 8 章　PowerPoint 2021 的基本操作

🎬 本章 11 段教学录像

在职业生涯中，会遇到包含图片和表格的演示文稿，如公司管理培训演示文稿、企业发展战略演示文稿、产品营销推广方案等。使用 PowerPoint 2021 提供的为演示文稿应用主题、设置格式化文本、图文混排、添加数据表格、插入艺术字等功能，可以方便地对这些包含图片和表格的演示文稿进行制作。

第 9 章　演示文稿的动画及放映设置

🎬 本章 8 段教学录像

动画和多媒体是演示文稿的重要元素，在制作演示文稿的过程中，适当地加入动画和多媒体可以使演示文稿变得更加生动。演示文稿提供了多种动画样式，支持对动画效果和视频的自定义播放。演示文稿设计完成，就需要放映这些幻灯片，放映时要做好放映前的准备工作，选择演示文稿的放映方式，并要控制放映幻灯片的过程。

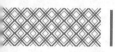
高手支招

第 4 篇 高效办公篇

第 10 章 Outlook 办公应用——使用 Outlook 处理办公事务

本章 3 段教学录像

Outlook 2021 是 Office 2021 办公软件中的电子邮件管理组件，其方便的可操作性和全面的辅助功能为用户进行邮件传输和个人信息管理提供了极大的方便。本章主要介绍配置 Outlook 2021、Outlook 2021 的基本操作、管理邮件和联系人、安排任务及使用日历等内容。

高手支招

第 11 章 OneNote 办公应用——收集和处理工作信息

本章 6 段教学录像

OneNote 2021 是微软公司推出的一款数字笔记本，用户使用它可以快速收集、组织工作和生活中的各种图文资料，与 Office 2021 的其他办公组件结合使用，可以大大提高工作效率。

第 12 章　办公中必备的技能

本章 7 段教学录像

　　打印机是自动化办公中不可缺少的组成部分，是重要的输出设备之一。具备办公管理所需的知识与经验，能够熟练操作常用的办公器材是十分必要的。本章主要介绍添加打印机、打印 Word 文档、打印 Excel 表格、打印演示文稿的方法。

第 13 章　Office 2021 组件间的协作

本章 4 段教学录像

　　在办公过程中，经常会遇到诸如在 Word 文档中使用表格的情况，而 Office 组件之间可以很方便地进行相互调用，提高工作效率。使用 Office 2021 组件间的协作进行办公，会发挥 Office 办公软件的强大优势。

第**1**篇

Word 办公应用篇

　　本篇主要介绍 Word 2021 中的各种操作。通过对本篇的学习，读者可以掌握 Word 2021 的基本操作、使用图和表格美化 Word 文档及长文档的排版等。

第1章
Word 2021 的基本操作

本章导读

　　使用 Word 可以方便地记录文本内容，并能根据需要设置文字的样式，制作总结报告、租赁协议、请假条、邀请函、思想汇报等各类说明性文档。本章主要介绍输入文本、编辑文本、设置字体格式、设置段落格式及审阅文档等内容。

思维导图

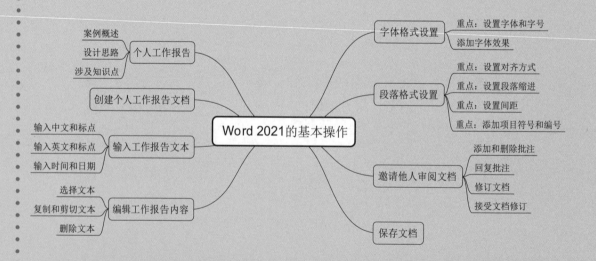

个人工作报告

在制作个人工作报告时要清楚地总结工作成果及工作经验。

1.1.1 案例概述

工作报告是对一定时期内的工作加以总结、分析和研究，并肯定成绩，找出问题，得出经验教训。制作个人工作报告时，需要注意以下几点。

1. 对工作内容的概述

详细描述一段时期内自己所接受的工作任务及工作任务完成情况，并做好内容总结。

2. 岗位职责的描述

回顾本部门、本单位某一阶段或某一方面的工作，既要肯定成绩，也要承认缺点，并从中得出应有的经验、教训。

3. 未来工作的设想

提出目前对所属部门工作的前景分析，进而提出下一步工作的指导方针、任务和措施。

1.1.2 设计思路

制作个人工作报告可以按照以下思路进行。

① 制作文档，包含题目、工作内容、成绩与总结等。

② 为相关正文修改字体格式、添加字体效果等。

③ 设置段落格式、添加项目符号和编号等。

④ 邀请他人来帮助自己审阅并批注文档、修订文档等。

⑤ 根据需要设计封面，并保存文档。

1.1.3 涉及知识点

本案例主要涉及以下知识点。

① 输入标点符号、项目符号和编号及时间和日期等。

② 编辑、复制、剪切和删除文本等。

③ 设置字体格式、添加字体效果等。

④ 设置段落对齐、段落缩进、段落间距等。

⑤ 添加和删除批注、回复批注、接受修订等。

⑥ 添加新页面。

⑦ 保存文档。

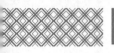
1.2 创建个人工作报告文档

在创建个人工作报告文档时，首先需要打开 Word 2021，创建一份新文档，具体操作步骤如下。

第1步 单击屏幕左下角的【开始】按钮 ，在弹出的列表中选择【W】→【Word】选项，如下图所示。

第2步 打开 Word 2021 主界面，在模板区域 Word 提供了多种可供创建的新文档类型，这里选择【空白文档】选项，如下图所示。

第3步 创建一个空白文档，如下图所示。

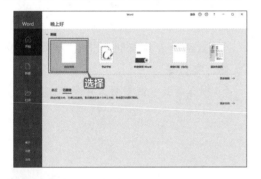

第4步 选择【文件】选项卡，在弹出的界面左侧选择【保存】选项，在右侧的【另存为】选项区域中单击【浏览】按钮。在弹出的【另存为】对话框中选择文档要保存的位置，在【文件名】文本框中输入文档名称，单击【保存】按钮，如下图所示。

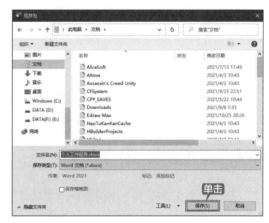

> **提示**
>
> 选择【文件】选项卡，在弹出的界面左侧选择【新建】选项或其他模板选项，也可以创建一个新文档，如下图所示。
>
>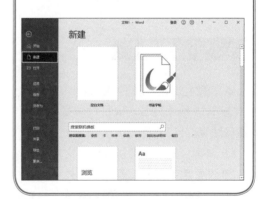

1.3 输入工作报告文本

文本的输入非常简单，只要会使用键盘打字，就可以在文档的编辑区域中输入文本内容。个人工作报告文档保存成功后，即可在文档中输入文本内容。

1.3.1 输入中文和标点

由于 Windows 的默认语言是英文，语言栏显示的是英文键盘图标英，因此如果不进行中 / 英文切换就以汉语拼音的形式输入，那么在文档中输出的文本就是英文。

在 Word 文档中，输入数字时不需要切换中 / 英文输入法，但输入中文时，需要先将英文输入法切换为中文输入法，再进行中文输入。输入中文和标点的具体操作步骤如下。

第1步 在文档中输入数字"2021"，然后单击任务栏中的美式键盘图标拼，在弹出的快捷菜单中选择中文输入法，这里选择"搜狗拼音输入法"，如下图所示。

第2步 此时，在 Word 文档中，用户即可使用拼音输入中文内容，如下图所示。

第3步 在输入文本的过程中，当到达一行的最右端时，输入的文本将自动跳转到下一行。如果在未输入完一行时想要换行输入，则可

以按【Enter】键结束一个段落，这样会产生一个段落标记符号"↵"，如下图所示。

> 2021 第四季度工作报告↵
> 尊敬的各位领导、各位同事↵

第4步 将光标定位在文档中第二行文字的句末，按【Shift+；】组合键，即可在文档中输入一个中文的冒号"："，如下图所示。

> 2021 第四季度工作报告↵
> 尊敬的各位领导、各位同事：

> **提示**
>
> 单击【插入】选项卡下【符号】组中的【符号】按钮，在弹出的下拉列表中选择标点符号，也可以将标点符号插入文档中。

1.3.2 输入英文和标点

在编辑文档时，有时也需要输入英文和英文标点符号，按【Shift】键即可在中文和英文输入法之间切换。下面以使用搜狗拼音输入法为例，介绍输入英文和英文标点符号的方法，具体操作步骤如下。

第1步 在中文输入法状态下，按【Shift】键，即可切换至英文输入法状态，然后在键盘上按相应的英文按键，即可输入英文，如下图所示。

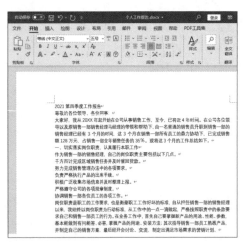

第2步 输入英文标点与输入中文标点的方法相同，如按【Shift+1】组合键，即可在文档中输入一个英文的感叹号"!"，如下图所示。

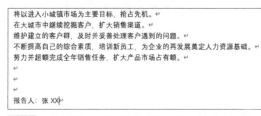

> **提示**
>
> 输入的英文内容不是个人工作总结的内容，可以将其删除。

1.3.3 输入时间和日期

在文档输入完成后，可以在末尾处加上文档创建的时间和日期，具体操作步骤如下。

第1步 打开"素材\ch01\个人报告内容.docx"文件，将内容复制到文档中，如下图所示。

第2步 将光标定位在最后一行，按【Enter】键执行换行操作，并在文档结尾处输入报告人的姓名，如下图所示。

将以进入小城镇市场为主要目标，抢占先机。
在大城市中继续挖掘客户，扩大销售渠道。
维护建立的客户群，及时并妥善处理客户遇到的问题。
不断提高自己的综合素质，培训新员工，为企业的再发展奠定人力资源基础。
努力并超额完成全年销售任务，扩大产品市场占有额。

报告人：张XX

第3步 按【Enter】键另起一行，输入日期，如下图所示。

将以进入小城镇市场为主要目标，抢占先机。
在大城市中继续挖掘客户，扩大销售渠道。
维护建立的客户群，及时并妥善处理客户遇到的问题。
不断提高自己的综合素质，培训新员工，为企业的再发展奠定人力资源基础。
努力并超额完成全年销售任务，扩大产品市场占有额。

报告人：张XX
2022年1月6日

> **提示**
>
> 单击【插入】选项卡下【文本】组中的【日期和时间】按钮，如下图所示，在弹出的【日期和时间】对话框中选择可用的日期格式，即可插入当前的日期。
>
>

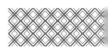

 编辑工作报告内容

输入个人工作报告内容之后，即可利用 Word 编辑文本。编辑文本包括选择文本、复制和剪切文本及删除文本等。

1.4.1 选择文本

选择文本时既可以选择单个字符，也可以选择整篇文档。选择文本的方法主要有以下几种。

1. 使用鼠标选择文本

使用鼠标选择文本是最常见的一种选择文本的方法，具体操作步骤如下。

第1步 将光标定位在想要选择的文本之前，如下图所示。

第2步 按住鼠标左键，同时拖曳鼠标，直到第一行和第二行全部选中，然后释放鼠标左键，即可选定文字内容，如下图所示。

2. 使用键盘选择文本

在不使用鼠标的情况下，用户也可以利用键盘组合键来选择文本。使用键盘选择文本时，需先将光标定位在将选文本的开始位置，然后按相关的组合键即可。下表所示为使用键盘选择文本的组合键。

组合键	功能
Shift+ ←	选择光标左边的一个字符
Shift+ →	选择光标右边的一个字符
Shift+ ↑	选择至光标上一行同一位置之间的所有字符
Shift+ ↓	选择至光标下一行同一位置之间的所有字符
Shift+Home	选择至当前行的开始位置
Shift+End	选择至当前行的结束位置
Ctrl+A	选择全部文档
Ctrl+Shift+ ↑	选择至当前段落的开始位置
Ctrl+Shift+ ↓	选择至当前段落的结束位置
Ctrl+Shift+Home	选择至文档的开始位置
Ctrl+Shift+End	选择至文档的结束位置

1.4.2 复制和剪切文本

复制文本和剪切文本的不同之处在于，前者是把一个文本信息放到剪贴板中以供复制出更

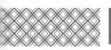

多文本信息，但原来的文本信息还在原来的位置；后者是把一个文本信息放到剪贴板中以复制出更多文本信息，但原来的文本信息已经不在原来的位置。

1. 复制文本

当需要多次输入同样的文本时，使用复制文本功能可以使原文本产生更多同样的信息，比多次输入同样的内容更为方便，具体操作步骤如下。

第1步 选中文档中需要复制的文本并右击，在弹出的快捷菜单中选择【复制】选项，如下图所示。

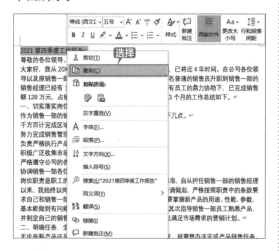

第2步 此时，所选内容被放到剪贴板中，将光标定位在要粘贴到的位置，单击【开始】选项卡下【剪贴板】组中的【剪贴板】按钮 ，在打开的【剪贴板】窗格中单击复制的内容，即可将复制内容插入文档中光标所在的位置，如下图所示。

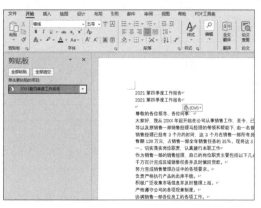

第3步 此时，文档中已被插入刚刚复制的内容，但原来的文本信息还在原来的位置，如下图所示。

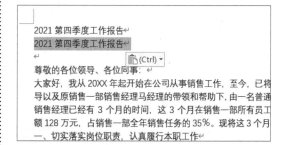

2. 剪切文本

如果用户需要修改文本的位置，可以使用剪切文本功能来完成，具体操作步骤如下。

第1步 选中文档中需要修改的文本并右击，在弹出的快捷菜单中选择【剪切】选项，如下图所示。

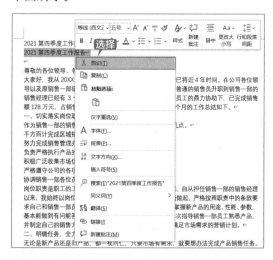

第2步 此时，所选内容被放到剪贴板中，将光标定位在要粘贴到的位置，单击【开始】选项卡下【剪贴板】组中的【剪贴板】按钮 ，在打开的【剪贴板】窗格中单击剪切的内容，即可将剪切内容插入文档中光标所在的位置，如下图所示。

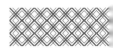

第3步 此时，剪切的内容被移动到文档结尾处，原来位置的内容已经不存在，如下图所示。

2021 第四季度工作报告

尊敬的各位领导、各位同事：
大家好，我从 20XX 年起开始在公司从事销售工作，至今，
导以及原销售一部销售经理马经理的带领和帮助下，由一名
销售经理已经有 3 个月的时间，这 3 个月在销售一部所有

第4步 在执行第 3 步操作之后，按【Ctrl+Z】组合键，可以撤销所做的操作，如下图所示。

2021 第四季度工作报告
2021 第四季度工作报告

尊敬的各位领导、各位同事：
大家好，我从 20XX 年起开始在公司从事销售工作。至今，已将近 4 年时间。在公司各位领导以及原销售一部销售经理马经理的带领和帮助下，由一名普通的销售员升职到销售一部的销售经理已经有 3 个月的时间，这 3 个月在销售一部所有员工的鼎力协助下，已完成销售额 128 万元，占销售一部全年销售任务的 35%。现将这 3 个月的工作总结如下。
一、切实落实岗位职责，认真履行本职工作
作为销售一部的销售经理，自己的岗位职责主要包括以下几点。
千方百计完成区域销售任务并及时催回货款。
努力完成销售管理办法中的各项要求。

1.4.3 删除文本

如果不小心输错了内容，可以选择删除文本，具体操作步骤如下。

第1步 将光标定位在文本一侧，按住鼠标左键并拖曳，选择需要删除的文字，如下图所示。

2021 第四季度工作报告
2021 第四季度工作报告

尊敬的各位领导、各位同事：
大家好，我从 20XX 年起开始在公司从事销售工作，至今，已将近 4 年时间。在公司各位领导以及原销售一部销售经理马经理的带领和帮助下，由一名普通的销售员升职到销售一部的销售经理已经有 3 个月的时间，这 3 个月在销售一部所有员工的鼎力协助下，已完成销售额 128 万元，占销售一部全年销售任务的 35%。现将这 3 个月的工作总结如下。

第2步 按【Delete】键，即可将选择的文本删除，如下图所示。

2021 第四季度工作报告

尊敬的各位领导、各位同事：
大家好，我从 20XX 年起开始在公司从事销售工作，至今，已将近 4 年时间。在公司各位领导以及原销售一部销售经理马经理的带领和帮助下，由一名普通的销售员升职到销售一部的销售经理已经有 3 个月的时间，这 3 个月在销售一部所有员工的鼎力协助下，已完成销售额 128 万元，占销售一部全年销售任务的 35%。现将这 3 个月的工作总结如下。
一、切实落实岗位职责，认真履行本职工作

1.5 字体格式设置

在输入所有内容之后，用户即可设置文档中的字体格式，并给字体添加效果，从而使文档看起来层次分明、结构工整。

1.5.1 重点：设置字体和字号

使文档内容的字体和字号格式统一，具体操作步骤如下。

第1步 选中文档中的标题，单击【开始】选项卡下【字体】组中的【字体】按钮，如下图所示。

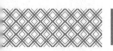

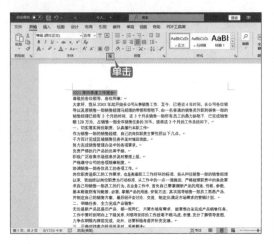

第2步 弹出【字体】对话框，在【字体】选项卡下单击【中文字体】下拉按钮，在弹出的下拉列表中选择【华文楷体】选项；选择【字形】列表框中的【加粗】选项，再选择【字号】列表框中的【二号】选项，单击【确定】按钮，如下图所示。

第3步 选中"尊敬的各位领导、各位同事："文本，单击【开始】选项卡下【字体】组中的【字体】按钮，如下图所示。

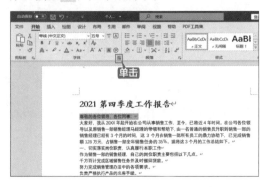

第4步 在弹出的【字体】对话框中设置【中文字体】为【华文楷体】、【字号】为【四号】，单击【确定】按钮，如下图所示。

第5步 根据需要设置其他标题和正文的字体，设置完成后的效果如下图所示。

2021 第四季度工作报告

尊敬的各位领导、各位同事：

大家好，我从20XX年起开始从公司从事销售工作，至今，已将近4年时间。在公司各位领导以及原销售一部销售经理马经理的带动和帮助下，由一名普通的销售员升职到销售一部的销售经理已经有3个月的时间，这3个月在销售一部所有员工的鼎力协助下，已完成销售额128万元，占销售一部全年销售任务的35%。现将这3个月的工作总结如下。

一、切实落实岗位职责，认真履行本职工作

作为销售一部的销售经理，自己的岗位职责主要包括以下几点。
千方百计完成区域销售任务并及时催回货款。
努力完成销售管理办法中的各项要求。
负责严格执行产品的出库手续。
积极广泛收集市场信息并及时整理上报。
严格遵守公司的各项规章制度。
协调销售一部各位员工的各项工作。
岗位职责是职工的工作要求，也是衡量职工工作好坏的标准，自从担任销售一部的销售经理以来，我始终以岗位职责为行动标准，从工作中的一点一滴做起，严格按照职责中的条款要求自己和销售一部员工的行为。在业务工作中，首先自己要掌握新产品的用途、性能、参数，基本能做到有问能答、掌握产品的用途、安装方法；其次指导销售一部员工熟悉产品，并制定自己的销售方案，最后经开会讨论、交流，制定出满足市场需求的营销计划。

二、明确任务，全力完成产品销售

无论是新产品还是旧产品，都一视同仁，只要市场有需求，就要想办法完成产品销售任务。工作中要时刻明白上下级关系，对领导安排的工作丝毫不能马虎、怠慢，充分了解领导意图，力争在期限内提前完成，此外，还要积极考虑并补充完

> **┤ 提示 ┝**
>
> 单击【开始】选项卡下【字体】组中的【字体】下拉按钮，在弹出的下拉列表中也可以选择字体；单击【字号】下拉按钮，在弹出的下拉列表中也可以选择字号。

1.5.2 添加字体效果

有时为了突出文档标题，用户也可以给字体添加效果，具体操作步骤如下。

第1步 选中文档中的标题，单击【开始】选项卡下【字体】组中的【字体】按钮，如下图所示。

第2步 弹出【字体】对话框，在【字体】选项卡下【效果】选项区域中选择一种效果样式，这里选中【删除线】复选框，如下图所示。

第3步 单击【确定】按钮，即可看到文档中的标题已被添加上字体效果，如下图所示。

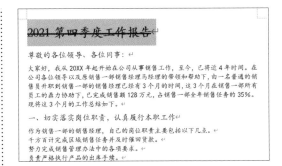

第4步 单击【开始】选项卡下【字体】组中的【字体】按钮，弹出【字体】对话框，在【字体】选项卡下【效果】选项区域中取消选中【删除线】复选框，单击【确定】按钮，即可取消对标题添加的字体效果，如下图所示。

第5步 取消字体效果后如下图所示。

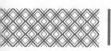

1.6 段落格式设置

段落是指两个段落标记之间的文本内容，是独立的信息单位，具有自身的格式特征。段落格式是指以段落为单位的格式设置。设置段落格式主要包括设置段落的对齐方式、段落缩进及段落间距等。

1.6.1 重点：设置对齐方式

Word 2021 的段落格式命令适用于整个段落，将光标置于任意位置都可以选定段落并设置段落格式。设置对齐方式的具体操作步骤如下。

第1步 将光标置于要设置对齐方式段落中的任意位置，单击【开始】选项卡下【段落】组中的【段落设置】按钮 ，如下图所示。

第2步 弹出【段落】对话框，在【缩进和间距】选项卡下【常规】选项区域中单击【对齐方式】下拉按钮 ，在弹出的下拉列表中选择【居中】选项，如下图所示。

第3步 单击【确定】按钮，即可将文档中的第一段内容设置为居中对齐方式，效果如下图所示。

第4步 将光标置于文档末尾处的日期后，重复第1步的操作，在【段落】对话框的【缩进和间距】选项卡下【常规】选项区域中单击【对齐方式】下拉按钮 ，在弹出的下拉列表中选择【右对齐】选项，如下图所示。

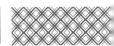

第5步 使用同样的方法，将"报告人：张××"设置为【右对齐】，效果如下图所示。

> 六、20XX 年工作设想
>
> 总结这 3 个月来的工作，仍存在很多问题和不足，在工作方法和技巧上有待于向其销售经理和同行学习，在今年剩余的 3 季度内取长补短，重点做好以下几个方面的工作。
> 将以进入小城镇市场为主要目标，抢占先机。
> 在大城市中继续挖掘客户，扩大销售渠道。
> 维护建立的客户群，及时并妥善处理客户遇到的问题。
> 不断提高自己的综合素质，培训新员工，为企业的再发展奠定人力资源基础。
> 努力并超额完成全年销售任务，扩大产品市场占有额
>
> 报告人：张 XX
> 2022 年 1 月 6 日

1.6.2 重点：设置段落缩进

段落缩进是指段落到左右页边距的距离。根据中文的书写形式，通常情况下，正文中的每个段落都会首行缩进 2 个字符。设置段落缩进的具体操作步骤如下。

第1步 选中文档中的第一段正文内容，单击【开始】选项卡下【段落】组中的【段落设置】按钮，如下图所示。

第2步 弹出【段落】对话框，在【缩进和间距】选项卡下【缩进】选项区域中单击【特殊】下拉按钮，在弹出的下拉列表中选择【首行】选项，并设置【缩进值】为【2字符】（既可以单击其后的微调按钮设置，也可以直接输入），设置完成后，单击【确定】按钮，如下图所示。

第3步 即可看到为所选段落设置段落缩进后的效果，如下图所示。

第4步 使用同样的方法，为工作报告中的其他正文段落设置首行缩进，如下图所示。

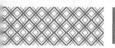

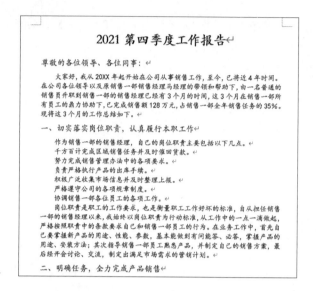

1.6.3 重点：设置间距

设置间距是指设置段落间距和行距，段落间距是指文档中段落与段落之间的距离，行距是指行与行之间的距离。设置间距的具体操作步骤如下。

第1步 选中文档中的第一段正文内容，单击【开始】选项卡下【段落】组中的【段落设置】按钮，如下图所示。

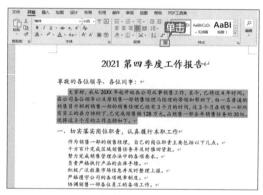

第2步 弹出【段落】对话框，在【缩进和间距】选项卡下【间距】选项区域中分别设置【段前】和【段后】为【0.5行】，在【行距】下拉列表中选择【多倍行距】选项，在【设置值】文本框中输入"1.2"，单击【确定】按钮，如下图所示。

第3步 即可将第一段正文内容设置为多倍行距样式，效果如下图所示。

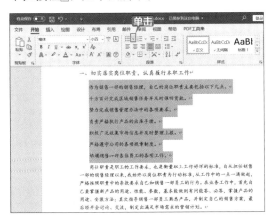

第4步 使用同样的方法,设置文档中其他正文段落的间距,最终效果如下图所示。

1.6.4 重点:添加项目符号和编号

在文档中使用项目符号和编号,可以使文档中的重点内容突出显示。

1. 添加项目符号

项目符号是指在一些段落前面添加完全相同的符号。添加项目符号的具体操作步骤如下。

第1步 选中需要添加项目符号的内容,单击【开始】选项卡下【段落】组中的【项目符号】下拉按钮,如下图所示。

第3步 在弹出的【定义新项目符号】对话框中单击【项目符号字符】选项区域中的【符号】按钮,如下图所示。

第2步 在弹出的下拉列表中选择一种项目符号样式,这里选择【定义新项目符号】选项,如下图所示。

第4步 弹出【符号】对话框，在列表框中选择一种符号样式，单击【确定】按钮，如下图所示。

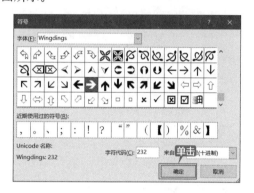

第5步 返回文档，添加项目符号后的效果如下图所示。

> 一、切实落实岗位职责，认真履行本职工作
>
> → 作为销售一部的销售经理，自己的岗位职责主要包括以下几点。
> → 千方百计完成区域销售任务并及时催回货款。
> → 努力完成销售管理办法中的各项要求。
> → 负责严格执行产品的出库手续。
> → 积极广泛收集市场信息并及时整理上报。
> → 严格遵守公司的各项规章制度。
> → 协调销售一部各位员工的各项工作。
>
> 岗位职责是职工的工作要求，也是衡量职工工作好坏的标准，自从担任销售一部的销售经理以来，我始终以岗位职责为行动标准，从工作中的一点一滴做起，严格按照职责要求实自己和销售一部员工的行为。在业务工作中，首先自己要掌握新产品的用途、性能、参数，基本能做到有问能答、必答，掌握产品的用途、安装方法；其次指导销售一部员工熟悉产品，并制定自己的销售方案，最后经开会讨论、交流，制定出满足市场需求的营销计划。

2. 添加编号

文档编号是指按照大小顺序为文档中的行或段落添加编号。在文档中添加编号的具体操作步骤如下。

第1步 选中文档中需要添加编号的段落，单击【开始】选项卡下【段落】组中的【编号】下拉按钮，如下图所示。

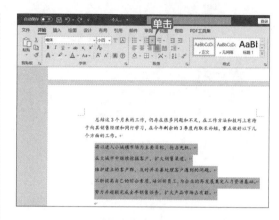

第2步 在弹出的下拉列表中选择一种编号样式，如下图所示。

第3步 返回文档，添加编号后的效果如下图所示。

> 总结这3个月来的工作，仍存在很多问题和不足，在工作方法和技巧上有待于向其销售经理和同行学习，在今年剩余的3季度内取长补短，重点做好以下几个方面的工作。
>
> 1. 将以进入小城镇市场为主要目标，抢占先机。
> 2. 在大城市中继续挖掘客户，扩大销售渠道。
> 3. 维护建立的客户群，及时并妥善处理客户遇到的问题。
> 4. 不断提高自己的综合素质，培训新员工，为企业的再发展奠定人力资源基础。
> 5. 努力并超额完成全年销售任务，扩大产品市场占有额。

1.7 邀请他人审阅文档

使用 Word 编辑文档之后，只有通过审阅功能，才能交出一份完整的个人工作报告。

1.7.1 添加和删除批注

批注是文档的审阅者为文档添加的注释、说明、建议和意见等信息。

1. 添加批注

添加批注的具体操作步骤如下。

第1步 在文档中选择需要添加批注的文字，单击【审阅】选项卡下【批注】组中的【新建批注】按钮，如下图所示。

第2步 在文档右侧的批注框中输入批注的内容即可，如下图所示。

第3步 再次单击【新建批注】按钮，也可以在文档中的其他位置添加批注内容，如下图所示。

2. 删除批注

当不需要文档中的批注时，用户可以将其删除。删除批注的具体操作步骤如下。

第1步 将光标置于文档中需要删除的批注内的任意位置，即可选择要删除的批注，如下图所示。

第2步 此时，【审阅】选项卡下【批注】组中的【删除】按钮处于可用状态，单击【删除】按钮，如下图所示。

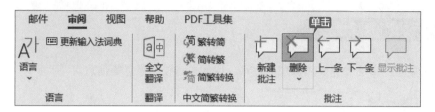

第3步 即可将所选中的批注删除，如下图所示。

二、明确任务，全力完成产品销售↵

　　无论是新产品还是旧产品，都一视同仁，只要市场有需求，就要想办法完成产品销售任务。工作中要时刻明白上下级关系，对领导安排的工作丝毫不能马虎、怠慢，充分了解领导意图，力争在期限内提前完成，此外，还要要积极考虑并补充完善。↵

1.7.2 回复批注

如果需要对批注内容进行答复，可以直接在文档中进行回复，具体操作步骤如下。

第1步 选择需要回复的批注，单击文档中批注框内的【答复】按钮 答复，如下图所示。

第2步 在批注内容下方输入回复内容即可，

如下图所示。

1.7.3 修订文档

修订时显示文档中所做的如删除、插入或其他编辑更改的标记，具体操作步骤如下。

第1步 单击【审阅】选项卡下【修订】组中的【修订】按钮，在弹出的下拉列表中选择【修订】选项，如下图所示。

第2步 即可使文档处于修订状态，此时文档中所做的所有修改内容将被记录下来，如下图所示。

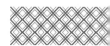

1.7.4 接受文档修订

如果修订的内容是正确的，这时即可接受修订。接受文档修订的具体操作步骤如下。

第1步 将光标置于需要接受修订的批注内的任意位置，如下图所示。

第2步 单击【审阅】选项卡下【更改】组中的【接受】按钮，如下图所示。

第3步 即可看到接受文档修订后的效果，如下图所示。

1.8 保存文档

个人工作报告文档制作完成后，就可以保存制作后的文档。

1. 保存已有文档

对已存在文档有以下 3 种方法可以保存更新。

方法一：选择【文件】选项卡，在弹出的界面左侧选择【保存】选项，如下图所示。

方法二：单击【快速访问工具栏】中的【保存】按钮。

方法三：按【Ctrl+S】组合键可以实现快速保存。

2. 另存文档

如果需要将个人工作报告文档另存至其他位置或以其他的名称另存，可以使用【另存为】命令。将文档另存的具体操作步骤如下。

第1步 在已修改的文档中，选择【文件】选项卡，在弹出的界面左侧选择【另存为】选项，在右侧的【另存为】选项区域中选择【这台电脑】选项，单击【浏览】按钮，如下图所示。

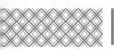

第2步 弹出【另存为】对话框，选择文档要保存的位置，在【文件名】文本框中输入要另存的名称，单击【保存】按钮，即可完成文档的另存操作，如下图所示。

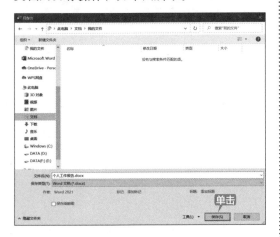

3. 导出文档

还可以将文档导出为其他格式。将文档导出为 PDF 文件的具体操作步骤如下。

第1步 在打开的文档中，选择【文件】选项卡，在弹出的界面左侧选择【导出】选项，在右侧的【导出】选项区域中选择【创建 PDF／XPS 文档】选项，单击【创建 PDF／XPS】按钮，如下图所示。

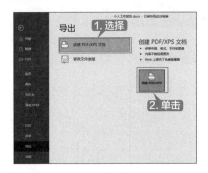

第2步 弹出【发布为 PDF 或 XPS】对话框，在【文件名】文本框中输入要保存的文件名称，在【保存类型】下拉列表框中选择【PDF (*.pdf)】选项，单击【发布】按钮，即可将 Word 文档导出为 PDF 文件，如下图所示。

举一
反三

制作房屋租赁协议书

与个人工作报告类似的文档还有房屋租赁协议书、公司合同、产品转让协议等。制作这类文档时，除了要求内容准确、没有歧义，还要求条理清晰，最好能以列表的形式表明双方应承担的义务及享有的权利，以便查看。下面就以制作房屋租赁协议书为例进行介绍，其制作思路如下。

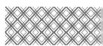

1. 创建并保存文档

新建空白文档，并将其保存为"房屋租赁协议书 .docx"文档，如下图所示。

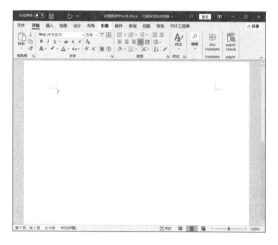

2. 输入内容并编辑文本

根据需求输入房屋租赁协议的内容，并根据需要修改文本内容，如下图所示。

3. 设置字体及段落格式

设置字体的样式，并根据需要设置段落

格式、添加项目符号和编号，如下图所示。

4. 审阅文档并保存

将制作完成的房屋租赁协议书发给其他人审阅，并根据批注修订文档，确保内容无误后，保存文档，如下图所示。

◇ 输入上标和下标

在编辑文档的过程中，输入一些公式、单位或数学符号时，经常需要输入上标或下标。下

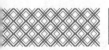
面具体讲解输入上标和下标的方法。

1. 输入上标

输入上标的具体操作步骤如下。

第1步 在文档中输入一段文字，这里输入"A2+B=C"，选择字符中的数字"2"，单击【开始】选项卡下【字体】组中的【上标】按钮 x^2，如下图所示。

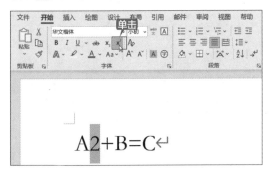

第2步 即可将数字"2"变成上标格式，如下图所示。

$$A^2+B=C$$

2. 输入下标

输入下标的方法与输入上标类似，具体操作步骤如下。

第1步 在文档中输入"H2O"，选择字符中的数字"2"，单击【开始】选项卡下【字体】组中的【下标】按钮 x_2，如下图所示。

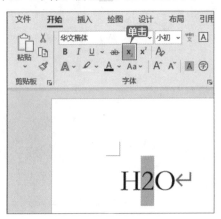

第2步 即可将数字"2"变成下标格式，如下图所示。

$$H_2O$$

◇ 批量删除文档中的空白行

如果 Word 文档中包含大量不连续的空白行，手动删除既麻烦又浪费时间。下面介绍一种批量删除空白行的方法，具体操作步骤如下。

第1步 单击【开始】选项卡下【编辑】组中的【替换】按钮 替换，如下图所示。

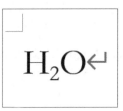

第2步 弹出【查找和替换】对话框，在【替换】选项卡下【查找内容】文本框中输入"^p^p"字符，在【替换为】文本框中输入"^p"字符，单击【全部替换】按钮即可，如下图所示。

◇ 在 Word 中编辑 PDF 文件

PDF 文件方便阅读，但在工作中也存在诸多不便，如用户发现 PDF 文件中的文本有误，需要修改，却发现 PDF 文字无法修改。

而 Office 2021 组件中的 Word 2021，改进了 PDF 编辑功能，能够打开 PDF 类型的文件，并对其进行编辑。还可以以 PDF 文件的形式保存修改结果，更可以用 Word 支持的任何文件类型进行保存。

第1步 在 PDF 文件上右击，在弹出的快捷菜单中选择【打开方式】选项。如果【Word】选项显示在【打开方式】子菜单中，直接选择【Word】选项，否则选择【选择其他应用】选项，如下图所示。

第2步 弹出【你要如何打开这个文件】对话框，选择【Word】选项，单击【确定】按钮，如下图所示。

第3步 弹出【Microsoft Word】提示框，单击【确定】按钮，如下图所示。

第4步 完成使用 Word 2021 打开 PDF 文件的操作，如下图所示。此时，文档中的文字处于可编辑的状态。

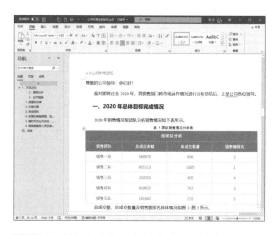

第5步 根据需要修改文档内容后，选择【文件】选项卡，在弹出的界面左侧选择【另存为】选项，在右侧的【另存为】选项区域中选择【这台电脑】选项，单击【浏览】按钮，如下图所示。

第6步 弹出【另存为】对话框，选择文件要保存的位置，并输入文件名，单击【保存】按钮，即可将 PDF 文件保存为 Word 文档的形式，如下图所示。

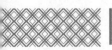

第7步 如果要将修改后的文档重新保存为 PDF 格式，可以选择【文件】项选卡，在弹出的界面左侧选择【导出】选项，在右侧的【导出】选项区域中选择【创建 PDF/XPS 文档】选项，单击【创建 PDF/XPS】按钮，如下图所示。

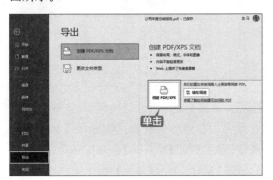

第8步 弹出【发布为 PDF 或 XPS】对话框，选择存储的位置，并输入文件名，单击【发布】按钮，即可将文件重新保存为 PDF 格式文件，如下图所示。

第2章

使用图和表格美化 Word 文档

📄 本章导读

　　一篇图文并茂的文档，不仅看起来生动形象、充满活力，还可以使文档更加有吸引力。在 Word 中可以通过插入艺术字、图片、自选图形、表格等展示文本或数据内容。本章以制作求职简历为例，介绍使用图和表格美化 Word 文档的操作。

🛫 思维导图

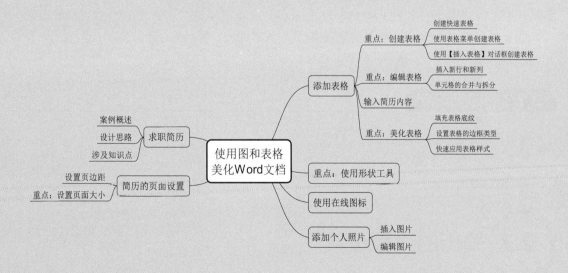

2.1 求职简历

排版求职简历要做到主题鲜明，文字字体生动、活泼，图片形象直观、色彩突出，便于读者快速地接收所需信息。

2.1.1 案例概述

排版求职简历时，需要注意以下几点。

1. 格式要统一

① 相同级别的文本内容要使用同样的字体、字号。

② 段落间距要恰当，避免内容太拥挤。

2. 图文结合

现在已经进入"读图时代"，图形是人类通用的视觉符号，它可以吸引读者的注意力。如果图片、图形运用恰当，就可以为简历增加个性化色彩。

3. 编排简洁

① 确定简历的开本大小是进行编排的前提。

② 排版的整体风格要简洁大方，这样可以给人一种认真、严肃的感觉，切记不可过于花哨。

2.1.2 设计思路

排版求职简历时可以按照以下思路进行。

① 制作简历页面，包括设置页边距、页面大小及插入背景图片。

② 添加表格，编辑表格内容并美化表格。

③ 插入技术和电子、通信、分析等在线图标。

④ 插入图片，并放在合适的位置，调整图片布局，并对图片进行编辑、组合。

2.1.3 涉及知识点

本案例主要涉及以下知识点。

① 设置页边距、页面大小。

② 插入图片。

③ 插入表格。

④ 插入自选图形。

2.2 简历的页面设置

在制作个人求职简历时，首先要设置简历页面的页边距和页面大小，并插入背景图片，以确定简历的色彩主题。

2.2.1 设置页边距

设置页边距可以使求职简历更加美观。设置页边距，包括上、下、左、右边距，以及页眉和页脚距页边界的距离。设置页边距的具体操作步骤如下。

第1步 打开 Word 2021 软件，新建一个空白文档，如下图所示。

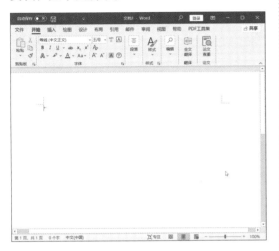

第2步 选择【文件】选项卡，在弹出的界面左侧选择【另存为】选项，在右侧的【另存为】选项区域中选择【这台电脑】选项，单击【浏览】按钮，如下图所示。

第3步 在弹出的【另存为】对话框中选择文档要保存的位置，并在【文件名】文本框中输入"个人求职简历"，单击【保存】按钮，如下图所示。

第4步 单击【布局】选项卡下【页面设置】组中的【页边距】按钮，在弹出的下拉列表中选择【窄】选项，如下图所示。

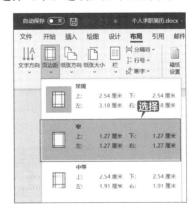

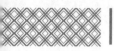
| 提示 |

　　用户还可以在【页边距】下拉列表中选择【自定义页边距】选项，在弹出的【页面设置】对话框中对上、下、左、右边距进行自定义设置，如下图所示。

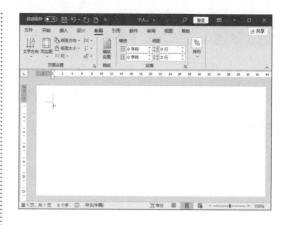

第5步 即可完成页边距的设置，效果如下图所示。

| 提示 |

　　页边距太窄会影响文档的装订，而太宽不仅影响美观，还浪费纸张。一般情况下，如果使用 A4 纸，那么可以采用 Word 提供的默认值；如果使用 B5 或 16 开纸，那么上、下边距在 2.4 厘米左右为宜，左、右边距在 2 厘米左右为宜。具体设置可根据需求设定。

2.2.2 重点：设置页面大小

　　设置好页边距后，还可以根据需要设置页面大小和纸张方向，使页面设置满足个人求职简历的格式要求，最后再插入背景图片，具体操作步骤如下。

第1步 单击【布局】选项卡下【页面设置】组中的【纸张方向】按钮，在弹出的下拉列表中选择【横向】或【纵向】选项，Word 默认的纸张方向是"纵向"，如下图所示。

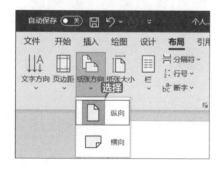

| 提示 |

　　用户也可以打开【页面设置】对话框，在【页边距】选项卡下【纸张方向】选项区域中设置纸张的方向。

第2步 单击【布局】选项卡下【页面设置】组中的【纸张大小】按钮，在弹出的下拉列表中选择【A4】选项，如下图所示。

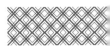

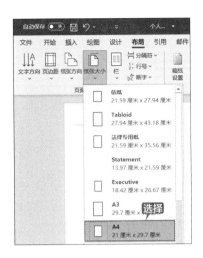

用户还可以在【纸张大小】下拉列表中选择【其他纸张大小】选项，调出【页面设置】对话框，在【纸张】选项卡下【纸张大小】下拉列表中选择【自定义大小】选项，自定义纸张大小，如下图所示。

第3步 即可完成纸张大小的设置，效果如下图所示。

第4步 插入背景图片。单击【插入】选项卡下【插图】组中的【图片】按钮 ，在弹出的【插入图片来自】下拉列表中选择【此设备】选项，如下图所示。

第5步 弹出【插入图片】对话框，选择合适的图片，单击【插入】按钮，如下图所示。

第6步 即可将图片插入文档中。选中图片，单击【图片格式】选项卡下【排列】组中的【环绕文字】按钮 ，在弹出的下拉列表中

选择【衬于文字下方】选项，如下图所示。

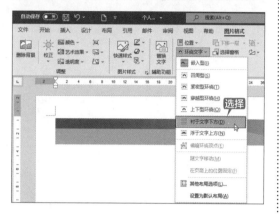

第7步 然后调整图片大小，使其占满整个页面，效果如下图所示。

2.3 添加表格

表格是由多个行或列的单元格组成的，用户在使用 Word 创建个人求职简历时，可以使用表格编排简历内容，通过对表格的编辑、美化，来提高个人求职简历的水平。

2.3.1 重点：创建表格

Word 2021 提供了多种插入表格的方法，用户可以根据需要选择。

1. 创建快速表格

可以利用 Word 2021 提供的内置表格模板来快速创建表格，但提供的表格类型有限，只适用于建立特定格式的表格，具体操作步骤如下。

第1步 将光标定位在需要插入表格的位置，单击【插入】选项卡下【表格】组中的【表格】按钮 ，在弹出的下拉列表中选择【快速表格】选项，在弹出的级联列表中选择需要的表格类型，这里选择【带副标题1】选项，如下图所示。

第2步 即可插入选择的表格类型，用户可以根据需要替换模板中的数据，如下图所示。

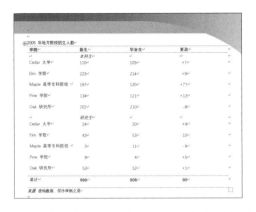

第3步 插入表格后，单击表格左上角的 ⊞ 按钮，选中所有表格并右击，在弹出的快捷菜单中选择【删除表格】选项，即可将表格删除，如下图所示。

2. 使用表格菜单创建表格

使用表格菜单适合创建规则的、行数和列数较少的表格，最多可以创建 8 行 10 列的表格。将光标定位在需要插入表格的位置，单击【插入】选项卡下【表格】组中的【表格】按钮 ⊞ ，在弹出的下拉列表中选择要插入表格的行数和列数，即可在指定位置插入表格。选中的单元格将以橙色显示，并在名称区域显示选中的行数和列数，如下图所示。

3. 使用【插入表格】对话框创建表格

使用表格菜单创建表格固然方便，可是由于菜单所提供的单元格数量有限，因此只能创建有限的行数和列数的表格。而使用【插入表格】对话框，则不受数量限制，并且可以对表格的宽度进行调整。下面以个人求职简历为例，使用【插入表格】对话框创建表格，具体操作步骤如下。

第1步 将光标定位在需要插入表格的位置，单击【插入】选项卡下【表格】组中的【表格】按钮 ⊞ ，在弹出的下拉列表中选择【插入表格】选项，如下图所示。

第2步 在弹出的【插入表格】对话框中设置表格尺寸，设置【列数】为【4】、【行数】为【13】，单击【确定】按钮，如下图所示。

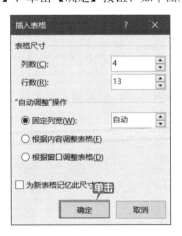

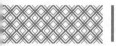
【"自动调整"操作】选项区域中各个单选按钮的含义如下。

①【固定列宽】单选按钮：设定列宽的具体数值，单位是厘米。当设置为自动时，表示表格将自动在窗口中填满整行，并平均分配各列为固定值。

②【根据内容调整表格】单选按钮：根据单元格的内容自动调整表格的列宽和行高。

③【根据窗口调整表格】单选按钮：根据窗口大小自动调整表格的列宽和行高。

第3步 即可插入一张4列13行的表格，效果如下图所示。

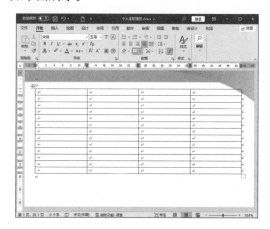

2.3.2 重点：编辑表格

表格创建完成后，根据需要对表格进行编辑，这里主要是根据内容调整表格的布局，如插入新行和新列、单元格的合并与拆分等。

1. 插入新行和新列

有时在文档中插入表格后，发现表格少了一行或一列，那么该如何快速插入一行或一列呢？具体操作步骤如下。

第1步 单击表格中要插入新列的左侧列中的任意一个单元格,激活【布局】选项卡,单击【布局】选项卡下【行和列】组中的【在右侧插入】按钮，如下图所示。

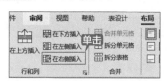

第2步 即可在指定位置插入新的列，如下图所示。

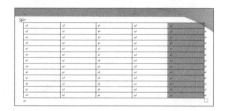

第3步 如果要删除列，可以选中要删除的列并右击，在弹出的快捷菜单中选择【删除列】

选项，如下图所示。

选择要删除列中的任意一个单元格并右击，在弹出的快捷菜单中单击【删除】按钮，在弹出的下拉列表中选择【删除列】选项，同样可以删除列，如下图所示。

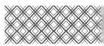

第4步 即可将选择的列删除，如下图所示。

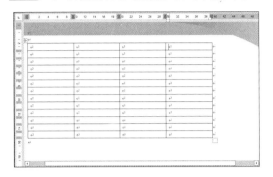

2. 单元格的合并与拆分

表格插入完成后，在输入表格内容之前，可以先根据内容对单元格进行合并或拆分，以调整表格的布局，具体操作步骤如下。

第1步 选择要合并的单元格，单击【布局】选项卡下【合并】组中的【合并单元格】按钮，如下图所示。

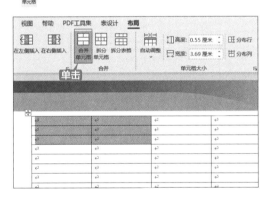

第2步 即可将选中的单元格合并，如下图所示。

第3步 如果要拆分单元格，可以先选中要拆分的单元格，再单击【布局】选项卡下【合并】组中的【拆分单元格】按钮，如下图所示。

第4步 弹出【拆分单元格】对话框，设置要拆分的"列数"和"行数"，单击【确定】按钮，如下图所示。

第5步 即可按指定的行数和列数拆分单元格，如下图所示。

第6步 使用同样的方法，将其他需要合并的单元格进行合并，最终效果如下图所示。

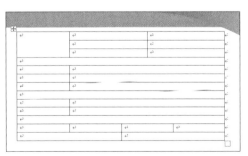

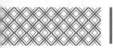

2.3.3 输入简历内容

表格布局调整完成后，即可根据个人的实际情况，输入简历内容并设置格式，具体操作步骤如下。

第1步 输入表格内容，效果如下图所示。

第2步 表格内容输入完成后，单击表格左上角的 ⊞ 按钮，选中表格中所有内容，单击【开始】选项卡下【字体】组中的【字体】下拉按钮 ，在弹出的下拉列表中选择【微软雅黑】选项，如下图所示。

第3步 即可看到设置为【微软雅黑】字体后，表格的行距变大了，并且无法调整，如下图所示。

第4步 单击【开始】选项卡下【段落】组中的【段落设置】按钮 ，如下图所示。

第5步 弹出【段落】对话框，在【缩进和间距】选项卡下【间距】选项区域中取消选中【如果定义了文档网格，则对齐到网格】复选框，单击【确定】按钮，如下图所示。

第6步 表格即可恢复正常行距，效果如下图所示。

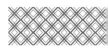

第7步 选中"实习经历""项目实践""职场技能"文本内容,单击【开始】选项卡下【字体】组中的【字体】下拉按钮 ,在弹出的下拉列表中选择【小二】选项,并单击【加粗】按钮 B ,如下图所示。

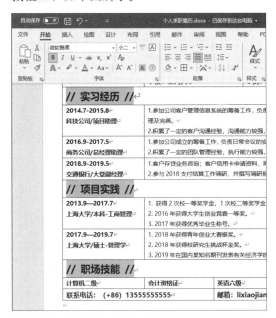

第8步 使用同样的方法,设置其他文本的字体,效果如下图所示。

第9步 表格字号调整完成后,发现表格内容整体上看起来比较拥挤,这时可以适当调整表格的行高。将光标定位在要调整行高的单元格中,选择【布局】选项卡,在【单元格大小】组的【表格行高】文本框中输入表

格的行高,或者单击文本框右侧的微调按钮 ,调整表格行高,这里输入"1.5 厘米",按【Enter】键,如下图所示。

第10步 即可调整表格行高,如下图所示。

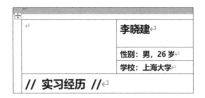

第11步 使用同样的方法,为表格中的其他行调整行高。调整后的效果如下图所示。

第12步 接着设置表格内容的对齐方式,选择要设置对齐方式的单元格,单击【布局】选项卡下【对齐方式】组中的【中部左对齐】按钮 ,如下图所示。

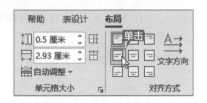

第13步 即可将选中单元格中的内容对齐，如下图所示。

李晓建	产品经理&项目经理	
性别：男，26 岁	籍贯：上海	
学校：上海大学	学历：硕士-管理学	

第14步 使用同样的方法，为其他文本内容设置对齐方式，并调整背景图片的大小和位置，效果如下图所示。

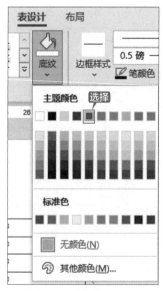

2.3.4 重点：美化表格

在 Word 2021 中表格制作完成后，可对表格的边框、底纹进行美化设置，使个人求职简历看起来更加美观。

1. 填充表格底纹

为了突出表格内的某些内容，可以为其填充底纹，以便查阅者能够清楚地看到要突出的数据。填充表格底纹的具体操作步骤如下。

第1步 选择要填充底纹的单元格，单击【表设计】选项卡下【表格样式】组中的【底纹】按钮，在弹出的下拉列表中选择一种底纹颜色，如下图所示。

第2步 即可看到设置底纹后的效果，如下图所示。

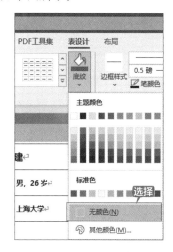

第3步 选中刚才设置底纹的单元格，单击【表设计】选项卡下【表格样式】组中的【底纹】按钮，在弹出的下拉列表中选择【无颜色】选项，如下图所示。

第4步 即可删除刚才设置的底纹颜色，如下图所示。

2. 设置表格的边框类型

（1）添加表格边框类型

如果用户对默认的表格边框设置不满意，可以重新进行设置。为表格添加边框和底纹的具体操作步骤如下。

第1步 选择整个表格，单击【布局】选项卡下【表】组中的【属性】按钮。弹出【表格属性】对话框，在【表格】选项卡下单击【边

框和底纹】按钮，如下图所示。

第2步 弹出【边框和底纹】对话框，在【边框】选项卡下选择【设置】选项区域中的【自定义】选项。在【样式】列表框中任意选择一种线型，这里选择第一种线型，设置【颜色】为【橙色】，【宽度】为【0.5磅】。选择要设置的边框位置，即可看到预览效果，如下图所示。

第3步 单击【底纹】选项卡下的【填充】下拉按钮，在弹出的下拉列表中选择【橙色，个性色2，淡色80%】选项，如下图所示。

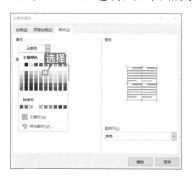

第4步 在【预览】选项区域中即可看到设置底纹后的效果，单击【确定】按钮，如下图所示。

第5步 返回【表格属性】对话框，单击【确定】按钮，如下图所示。

第6步 在个人求职简历文档中即可看到设置表格边框和底纹后的效果，如下图所示。

（2）取消表格边框类型

要取消表格边框和底纹，具体操作步骤如下。

第1步 选择整个表格，单击【布局】选项卡下【表】组中的【属性】按钮。弹出【表格属性】对话框，在【表格】选项卡下单击【边框和底纹】按钮，如下图所示。

第2步 弹出【边框和底纹】对话框，在【边框】选项卡下选择【设置】选项区域中的【无】选项，在【预览】选项区域中即可看到取消边框后的效果，如下图所示。

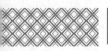

第3步 单击【底纹】选项卡下的【填充】下拉按钮，在弹出的下拉列表中选择【无颜色】选项，如下图所示。

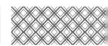

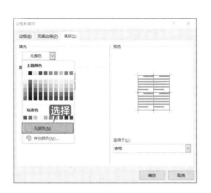

第4步 在【预览】选项区域中即可看到取消底纹后的效果，单击【确定】按钮，如下图所示。

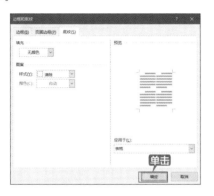

第5步 返回【表格属性】对话框，单击【确定】按钮，如下图所示。

第6步 在个人求职简历文档中即可看到取消表格边框和底纹后的效果，如下图所示。

3. 快速应用表格样式

Word 2021 内置了多种表格样式，用户根据需要选择表格样式，即可将其应用到表格中，具体操作步骤如下。

第1步 将光标置于要设置样式的表格的任意位置（也可以在创建表格时直接自动套用格式）或选中表格，选择【表设计】选项卡下【表格样式】组中的某种表格样式，文档中的表格即可以预览的形式显示所选表格的样式，这里单击【其他】按钮，在弹出的下拉列表中选择一种表格样式，即可将选择的表格样式应用到表格中，如下图所示。

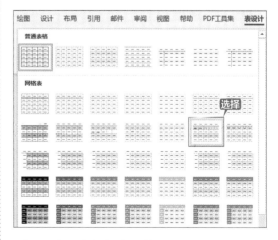

第2步 应用表格样式后的效果如下图所示。

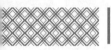

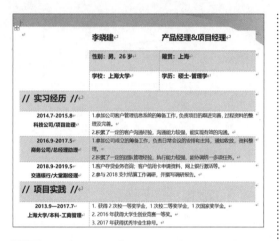

第3步 按【Ctrl+Z】组合键，即可撤销上一步应用的样式，效果如下图所示。

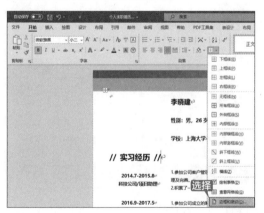

本案例通过设置表格的边框类型来美化表格，具体操作步骤如下。

第1步 选中"实习经历"文本所在的单元格，单击【开始】选项卡下【段落】组中的【边框】下拉按钮，在弹出的下拉列表中选择【边框和底纹】选项，如下图所示。

第2步 弹出【边框和底纹】对话框，在【边框】选项卡下【设置】选项区域中选择【自定义】选项，在【样式】列表框中选择一种边框样式，将其【宽度】设置为【1.5磅】，在【预览】选项区域中选择边框应用的位置，如下图所示。

第3步 选择【底纹】选项卡，在【填充】下拉列表中选择一种填充颜色，在【预览】选项区域中可以看到设置后的效果，单击【确定】按钮，如下图所示。

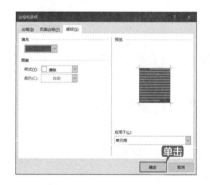

第4步 即可看到设置边框和底纹后的效果，如下图所示。

第5步 使用同样的方法，为表格中的其他单元格添加边框和底纹，并根据需要设置字体颜色，效果如下图所示。

2.4 重点：使用形状工具

利用 Word 2021 系统提供的形状，可以绘制出各种形状来为个人求职简历设置个别内容醒目的效果。Word 2021 中的形状包括线条、矩形、基本形状、箭头总汇、公式形状、流程图、星与旗帜和标注，用户可以根据需要从中选择适当的图形，具体操作步骤如下。

第1步 单击【插入】选项卡下【插图】组中的【形状】按钮，在弹出的下拉列表中选择【矩形】选项组中的【矩形：圆角】形状，如下图所示。

第2步 在文档中选择要绘制形状的起始位置，按住鼠标左键并拖曳至合适位置，松开鼠标左键，即可完成形状的绘制，如下图所示。

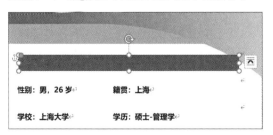

第3步 选中插入的矩形形状，将鼠标指针放在矩形形状边框的 4 个角上，当鼠标指针变为形状时，按住鼠标左键并拖曳，即可改变矩形形状的大小，如下图所示。

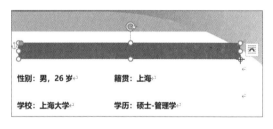

第4步 选中插入的矩形形状，将鼠标指针放在矩形形状的边框上，当鼠标指针变为形状时，按住鼠标左键并拖曳，即可调整矩形形状的位置，如下图所示。

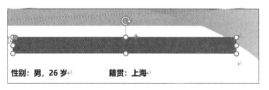

第5步 单击【形状格式】选项卡下【形状样式】组中的【形状填充】下拉按钮，在弹出的下拉列表中选择【无填充】选项，如下图所示。

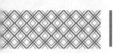
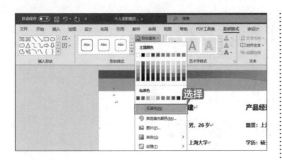

第6步 单击【形状格式】选项卡下【形状样式】组中的【形状轮廓】下拉按钮，在弹出的下拉列表中选择【橙色】选项，如下图所示。

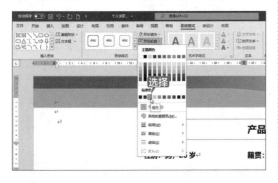

第7步 单击【形状格式】选项卡下【形状样

式】组中的【形状轮廓】下拉按钮，在弹出的下拉列表中选择【粗细】→【3磅】选项，如下图所示。

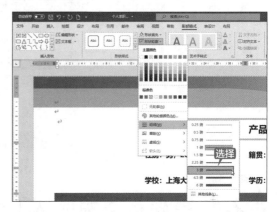

第8步 在简历页面中即可看到设置形状样式后的效果，如下图所示。

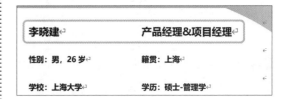

2.5 使用在线图标

在制作个人求职简历时，有时会用到图标。大部分图标结构简单、表达力强，但在网上搜索时却很难找到合适的，用户可以使用 Office 2021 的插入图标功能，美化简历。

在 Word 2021 中单击【插入】选项卡下【插图】组中的【图标】按钮，弹出【插入图标】对话框。在该对话框中可以看到所有的图标被分为"动物""界面""服饰"等类型，并且这些图标还支持填充颜色及图标拆分后分块填色，如下图所示。

下面根据需要在"职场技能"栏中插入4个图标，具体操作步骤如下。

第1步 将光标定位在"计算机二级"前，单

击【插入】选项卡下【插图】组中的【图标】按钮，如下图所示。

第2步 弹出【插入图标】对话框，分别在"技术和电子""通信""分析"类型中选中合

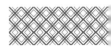

适的图标，单击【插入】按钮，如下图所示。

第3步 即可将选中的图标插入文档中，然后再将插入的4个图标放置在相应的单元格中，效果如下图所示。

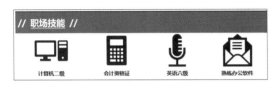

第4步 选中一个图标，单击【图形格式】选项卡下【图形样式】组中的【图形填充】下拉按钮，在弹出的下拉列表中选择【蓝色，个性色1，深色50%】选项，如下图所示。

第5步 即可更改图标的颜色，效果如下图所示。

第6步 使用同样的方法，更改其他3个图标的颜色，效果如下图所示。

2.6 添加个人照片

在简历中添加个人照片时，会遇到各种问题，如图片显示不完整、无法调整图片大小等。本节通过介绍插入图片和编辑图片的方法，来帮助用户解决在简历中添加个人照片的问题。

2.6.1 插入图片

Word 2021 支持更多的图片格式，如 .jpg、.jpeg、.jpe、.png、.bmp、.dib、.rle 等。在个人求职简历中插入图片的具体操作步骤如下。

第1步 将光标定位在要插入图片的位置，单击【插入】选项卡下【插图】组中的【图片】按钮，在弹出的下拉列表中选择【此设备】选项，如下图所示。

第2步 弹出【插入图片】对话框，选择要插入的图片，单击【插入】按钮，如下图所示。

第3步 即可将图片插入。将鼠标指针放在图片的 4 个角上，当鼠标指针变为 ↘ 形状时，按住鼠标左键并拖曳，即可等比例地缩放图片，如下图所示。

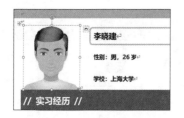

第4步 选中图片，单击【图片格式】选项卡下【排列】组中的【环绕文字】按钮 环绕文字~，

在弹出的下拉列表中选择【浮于文字上方】选项，如下图所示。

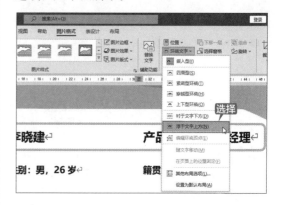

第5步 然后将鼠标指针放在图片上，当鼠标指针变为 ✛ 形状时，按住鼠标左键并拖曳，调整图片的位置，最终效果如下图所示。

2.6.2 编辑图片

对插入的图片进行更正、颜色、艺术效果等的编辑，可以使图片更好地融入个人求职简历的氛围中，具体操作步骤如下。

第1步 选择插入的图片，单击【图片格式】选项卡下【调整】组中的【校正】按钮 ☀，在弹出的下拉列表中选择【亮度 / 对比度】选项组中的一种样式，如下图所示。

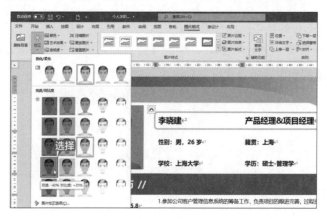

第2步 即可改变图片的亮度／对比度，如下图所示。

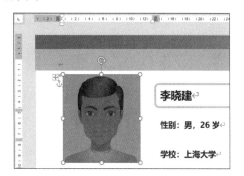

第3步 选中图片，单击【调整】组中的【颜色】按钮 颜色，在弹出的下拉列表中选择【重新着色】选项组中的一种颜色，如下图所示。

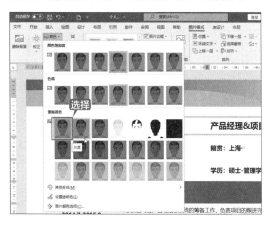

第4步 即可为图片重新着色，如下图所示。

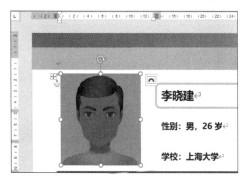

第5步 选中图片，单击【调整】组中的【艺术效果】按钮 艺术效果，在弹出的下拉列表中选择一种艺术效果，如下图所示。

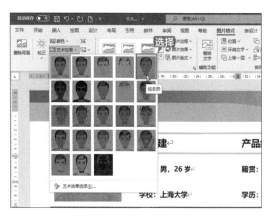

第6步 即可改变图片的艺术效果，如下图所示。

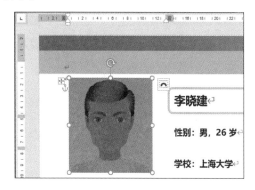

第7步 选中图片，单击【图片格式】选项卡下【图片样式】组中的【其他】按钮，在弹出的下拉列表中选择【柔化边缘椭圆】选项，如下图所示。

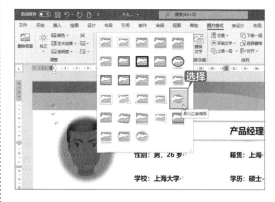

第8步 即可看到图片样式更改后的效果，如下图所示。

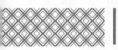
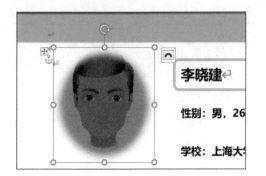

第9步 单击【图片格式】选项卡下【图片样式】组中的【图片效果】按钮 图片效果▾，在弹出的下拉列表中选择【预设】→【预设 1】选项，如下图所示。

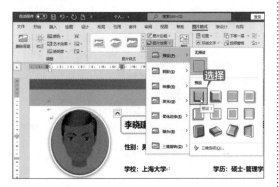

第10步 即可看到图片预设后的效果，如下图所示。

第11步 选中图片，单击【图片格式】选项卡下【调整】组中的【重置图片】按钮，如下图所示。

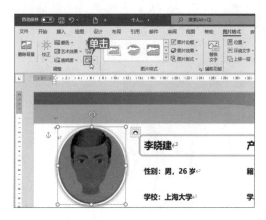

第12步 即可删除前面对图片添加的各种格式，恢复最原始的调整过大小之后的图片，如下图所示。

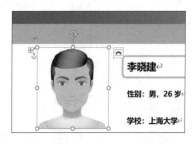

第13步 至此，一份个人求职简历就制作完成了，最终效果如下图所示。

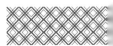

举一
反三

制作企业培训流程图

与求职简历类似的文档还有企业培训流程图、产品活动宣传页、产品展示文档、公司业务流程图等。排版这类文档时，要做到色彩统一、图文结合、编排简洁，使读者能把握重点并快速获取需要的信息。下面以制作企业培训流程图为例进行介绍，其制作思路如下。

1. 设置页面

新建空白文档，设置页面边距、页面大小、插入背景等，如下图所示。

2. 添加流程图标题

单击【插入】选项卡下【文本】组中的【艺术字】按钮，在文档中插入艺术字标题"企业培训流程图"，并设置文字效果，如下图所示。

3. 插入流程图形状

根据企业的培训流程，在文档中插入自选流程图形，如下图所示。

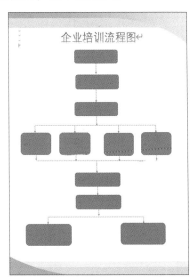

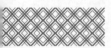
4. 添加文字

在插入的流程图形中，根据企业的培训流程添加文字，并对文字与形状的样式进行调整，如下图所示。

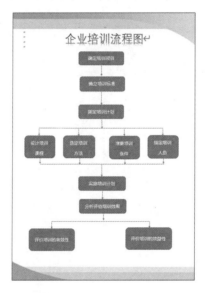

◇ 新功能：将"形状"另存为图片

Word 2021 提供了将"形状"另存为图片的功能，可以将在 Word 文件中插入或绘制的图形、图标或其他对象另存为图片文件，方便在其他文档或其他软件中重复使用。

第1步 选择绘制的形状并右击，在弹出的快捷菜单中选择【另存为图片】选项，如下图所示。

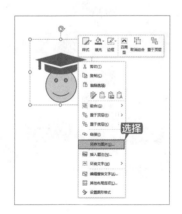

第2步 弹出【另存为图片】对话框，选择图片存储的位置，并输入文件名，单击【保存】按钮，完成将"形状"另存为图片的操作，如下图所示。

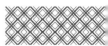

◇ 给跨页的表格添加表头

如果表格的内容较多，会自动在下一个 Word 页面显示表格内容，但是表头却不会在下一页显示。可以通过设置，当表格跨页时自动在下一页添加表头，具体操作步骤如下。

第 1 步 将光标定位在表格的标题行，单击【布局】选项卡下【表】组中的【属性】按钮 属性，如下图所示。

第 2 步 弹出【表格属性】对话框，在【行】选项卡下【选项】选项区域中选中【在各页顶端以标题行形式重复出现】复选框，然后单击【确定】按钮，如下图所示。

第 3 步 返回 Word 文档中，即可看到每一页的表格前均添加了表头，如下图所示。

◇ 新功能：使绘图更得心应手

通过 Word 2021 新增的【绘图】选项卡可以方便地绘制各种图形，并且可以将绘制的图形墨迹转换为形状。

第 1 步 单击【绘图】选项卡下【插入】组中的【画布】按钮 画布，在 Word 文档中插入画布，如下图所示。

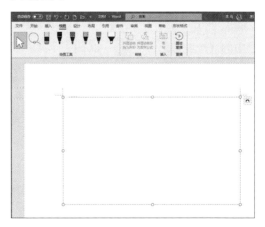

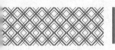

第2步 单击【绘图】选项卡下【绘图工具】组中的任意【笔】按钮，并在下拉列表中选择画笔的粗细和颜色，如下图所示。

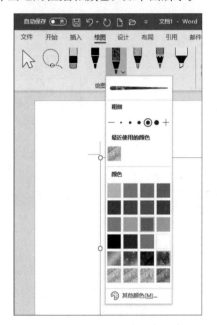

第3步 根据需要在画布上绘制图形，如下图所示。

第4步 单击【绘图】选项卡下【绘图工具】组中的【橡皮擦】按钮，如下图所示。

第5步 在要擦除的图形上单击，即可擦除多余的图形，如下图所示。

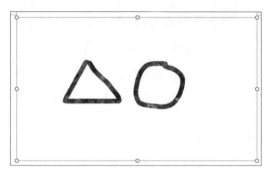

| 提示 |

在画布中绘制的图形不能转换为形状。

第6步 重新调用画笔工具，在画布外绘制任意图形，单击【绘图】选项卡下【转换】组中的【将墨迹转换为形状】按钮，如下图所示。

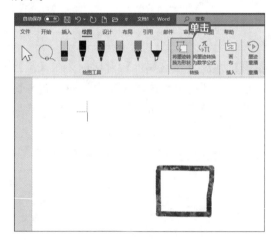

第7步 即可将绘制的图形转换为可以被选中的形状，如下图所示。

第 3 章

Word 高级应用——长文档的排版

📖 本章导读

在办公与学习中，经常会遇到包含大量文字的长文档，如毕业论文、个人合同、公司合同、企业管理制度、施工组织设计资料、产品说明书等。使用 Word 提供的创建和更改样式、插入页眉和页脚、插入页码、创建目录等功能，可以方便地对这些长文档进行排版。本章以排版施工组织设计资料为例，介绍长文档的排版技巧。

✈ 思维导图

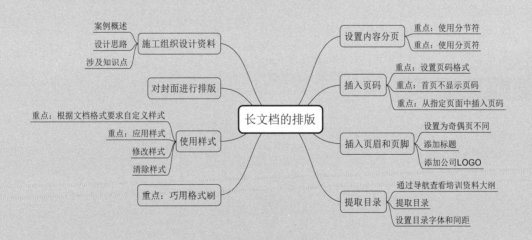

3.1 施工组织设计资料

施工组织设计资料是用以指导施工组织与管理、施工准备与实施、施工控制与协调、资源的配置与使用等全面性的技术、经济文件。

3.1.1 案例概述

施工组织设计资料是以施工项目为对象进行编制的，用于对施工全过程的科学管理。本章以排版施工组织设计资料为例，介绍制作施工组织设计资料的操作方法。

排版施工组织设计资料时，需要注意以下几点。

1. 格式统一

① 施工组织设计资料的内容分为若干等级，相同等级的标题要使用相同的字体样式（包括字体、字号、颜色等），不同等级标题之间的字体样式要有明显的区分。通常按照等级高低将字号由大到小设置。

② 正文字号最小且需要统一所有正文样式，否则文档将显得杂乱。

2. 层次结构区别明显

① 可以根据需要设置标题的段落样式，为不同标题设置不同的段间距和行间距，使不同标题等级之间或标题和正文之间的结构区分更明显，以便读者查阅。

② 使用分页符将施工组织设计资料中需要单独显示的页面另起一页显示。

3. 提取目录便于阅读

① 根据标题等级设置对应的大纲级别，这是提取目录的前提。

② 添加页眉和页脚不仅可以美化文档，还能快速向读者传递文档信息，可以设置奇偶页不同的页眉和页脚。

③ 插入页码也是提取目录的必备条件之一。

④ 提取目录后可以根据需要设置目录的样式，使目录格式工整、层次分明。

3.1.2 设计思路

排版施工组织设计资料时可以按照以下思路进行。

① 制作施工组织设计资料封面，包含项目名称、单位名称、项目负责人、日期等，可以根据需要对封面进行美化。

② 设置施工组织设计资料的标题、正文格式，包括文本样式及段落样式等，并根据需要设置标题的大纲级别。

③ 使用分隔符或分页符设置文本格式，将重要内容另起一页显示。

④ 插入页码、页眉和页脚，并根据要求提取目录。

3.1.3 涉及知识点

本案例主要涉及以下知识点。

① 使用样式。
② 使用格式刷工具。
③ 使用分节符和分页符。
④ 插入页码。

⑤ 插入页眉和页脚。
⑥ 提取目录。

 3.2 对封面进行排版

首先为施工组织设计资料文档添加封面，具体操作步骤如下。

第1步 打开"素材\ch03\施工组织设计资料.docx"文件，将光标定位在文档最前面的位置，单击【插入】选项卡下【页面】组中的【空白页】按钮 空白页 ，如下图所示。

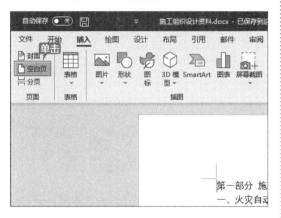

第2步 即可在文档中插入一个空白页面，将光标定位在页面最开始的位置，如下图所示。

第3步 按【Enter】键换行，并输入文字"×××站房改扩建工程"，按【Enter】键换行，然后依次输入"火灾自动报警系统""施工组织设计""单位名称""施工负责人"等文本并换行，最后输入日期，效果如下图所示。

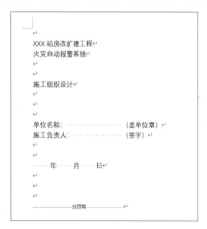

第4步 选中"×××站房改扩建工程"和"火灾自动报警系统"文本，单击【开始】选项卡下【字体】组中的【字体】按钮 ，弹出【字体】对话框，在【字体】选项卡下设置【中文字体】为【宋体】、【西文字体】为【（使用中文字体）】、【字形】为【加粗】、【字号】为【一号】，单击【确定】按钮，如下图所示。

第5步 单击【开始】选项卡下【段落】组中的【居中】按钮三，如下图所示。

第6步 设置完成后的效果如下图所示。

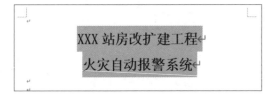

第7步 选中"施工组织设计"文本，设置其【字体】为【宋体】、【字号】为【初号】，并添加【加粗】效果，使其【居中】显示，如下图所示。

第8步 选中"单位名称"和"施工负责人"等文本，设置其【字体】为【宋体】、【字号】为【四号】，如下图所示。

第9步 单击【开始】选项卡下【段落】组中的【段落设置】按钮，弹出【段落】对话框，在【缩进和间距】选项卡下【缩进】选项区域中设置【左侧】为【7字符】，单击【确定】按钮，如下图所示。

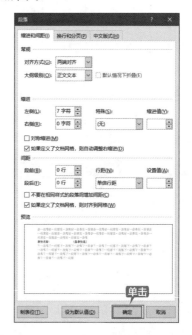

第10步 选中"单位名称"与"（盖单位章）"文本之间的空格，单击【开始】选项卡下【字体】组中的【下画线】下拉按钮，在弹出的下拉列表中选择一种下画线，如下图所示。

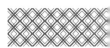

第11步 使用同样的方法,为其他文本添加下画线,效果如下图所示。

第12步 选中日期文本,设置其【字体】为【宋体】、【字号】为【四号】,并将其【右对齐】显示。然后调整页面,使文本内容占满整个页面,如下图所示。

3.3 使用样式

样式是字体格式和段落格式的集合。在对长文本的排版中,可以使用样式对相同样式的文本进行样式套用,从而提高排版效率。

3.3.1 重点: 根据文档格式要求自定义样式

在对施工组织设计资料这类长文档进行排版时,需要设置多种类型的样式,这时常常需要自定义样式,然后将相同级别的文本使用同一样式。在施工组织设计资料文档中自定义样式的具体操作步骤如下。

第1步 选中"第一部分 施工方案与技术措施"文本,单击【开始】选项卡下【样式】组中的【样式】按钮□,如下图所示。

第2步 弹出【样式】窗格,单击窗格底部的【新建样式】按钮□,如下图所示。

第3步 弹出【根据格式化创建新样式】对话框,在【属性】选项区域中设置【名称】为【标书标题1】,在【格式】选项区域中设置【字体】为【黑体】、【字号】为【二号】,单击左下角的【格式】按钮,在弹出的下拉列

表中选择【段落】选项，如下图所示。

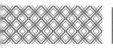

第4步 弹出【段落】对话框，在【缩进和间距】选项卡下【常规】选项区域中设置【对齐方式】为【居中】、【大纲级别】为【1级】，在【间距】选项区域中设置【段前】和【段后】都为【12磅】、【行距】为【1.5倍行距】，单击【确定】按钮，如下图所示。

第5步 返回【根据格式化创建新样式】对话框，在预览区域中可以看到设置后的效果，单击【确定】按钮，如下图所示。

第6步 即可创建名称为"标书标题1"的样式，所选文字将会自动应用自定义的样式，如下图所示。

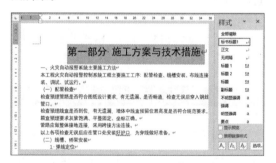

第7步 使用同样的方法，选中"一、火灾自动报警系统主要施工方法"文本，并将其样式命名为"标书标题2"，设置其【字体】为【华文楷体】、【字号】为【小三】、【对齐方式】为【两端对齐】、【大纲级别】为【2级】、【段前】和【段后】都为【8磅】、【行距】为【1.5倍行距】，如下图所示。

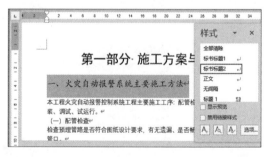

第8步 使用同样的方法，选中"（一）配管检查"文本，并将其样式命名为"标书标题3"，

设置其【字体】为【黑体】、【字号】为【四号】、【对齐方式】为【两端对齐】、【大纲级别】为【3级】、【段前】和【段后】都为【0.5行】、【行距】为【1.5倍行距】，如下图所示。

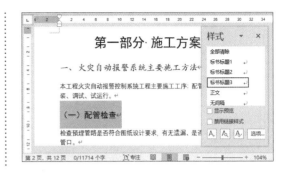

3.3.2 重点：应用样式

创建样式后，即可将创建的样式应用到其他需要设置相同样式的文本中。应用样式的具体操作步骤如下。

第1步 选中"第二部分 质量管理体系与措施"文本，在【样式】窗格的列表中单击【标书标题1】样式，即可将该样式应用至所选段落，如下图所示。

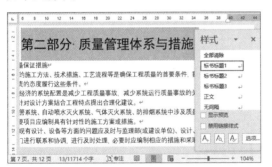

第2步 使用同样的方法，对其余标题样式进行应用，最终效果如下图所示。

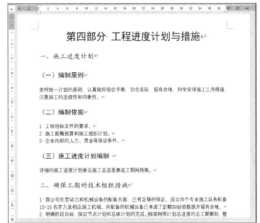

3.3.3 修改样式

如果排版的要求在原来样式的基础上发生了一些变化，可以对样式进行修改，相应地，应用该样式的文本样式也会发生改变。修改样式的具体操作步骤如下。

第1步 单击【开始】选项卡下【样式】组中的【样式】按钮，弹出【样式】窗格，如下图所示。

第2步 选中要修改的样式，如【标书标题2】样式，单击【标书标题2】样式右侧的下拉按钮，在弹出的下拉列表中选择【修改】选项，如下图所示。

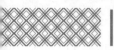

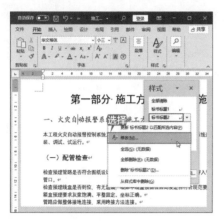

第3步 弹出【修改样式】对话框，将【格式】选项区域中的【字体】修改为【黑体】，单击左下角的【格式】按钮，在弹出的下拉列表中选择【段落】选项，如下图所示。

第4步 弹出【段落】对话框，在【缩进和间距】选项卡下【间距】选项区域中将【段前】和【段后】都修改为【10磅】，单击【确定】按钮，如下图所示。

第5步 返回【修改样式】对话框，在预览区域中可以看到设置后的效果，单击【确定】按钮，如下图所示。

第6步 修改完成后，所有应用该样式的文本样式也相应地发生了变化，效果如下图所示。

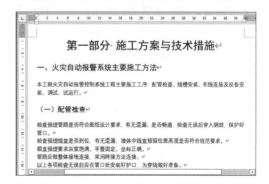

3.3.4 清除样式

如果不再需要某些样式，可以将其清除。清除样式的具体操作步骤如下。

第1步 创建【字体】为【楷体】、【字号】为【11】、【首行缩进】为【2字符】的名称为"正文内容"的样式，并将其应用到正文文本中，如下图所示。

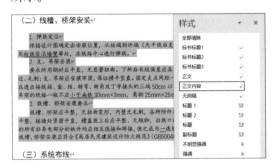

第2步 选中【正文内容】样式，单击【正文内容】样式右侧的下拉按钮，在弹出的下拉列表中选择【删除"正文内容"】选项，如下图所示。

第3步 在弹出的【Microsoft Word】提示框中单击【是】按钮，即可将该样式删除，如下图所示。

第4步 如下图所示，该样式已经从样式列表中删除。

第5步 相应地，使用该样式的文本样式也发生了变化，如下图所示。

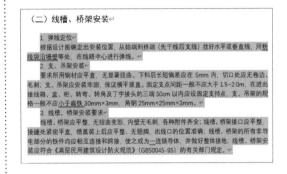

3.4 重点：巧用格式刷

除了对文本套用创建好的样式，还可以使用格式刷工具对相同格式的文本进行格式设置。设置正文的样式并使用格式刷的具体操作步骤如下。

第1步 选择要设置正文样式的段落，如下图所示。

一、火灾自动报警系统主要施工方法
本工程火灾自动报警控制系统工程主要施工工序：配管检查、线槽安装、布线连接及设备安装、调试、试运行。

第2步 在【开始】选项卡下【字体】组中设置【字体】为【宋体】、【字号】为【小四】，如下图所示。

第3步 单击【开始】选项卡下【段落】组中的【段落设置】按钮 ⏷，弹出【段落】对话框，在【缩进和间距】选项卡下【常规】选项区域中设置【对齐方式】为【两端对齐】、【大纲级别】为【正文文本】，在【缩进】选项区域中设置【特殊】为【首行】、【缩进值】为【2字符】，在【间距】选项区域中设置【行距】为【多倍行距】、【设置值】为【1.2】，单击【确定】按钮，如下图所示。

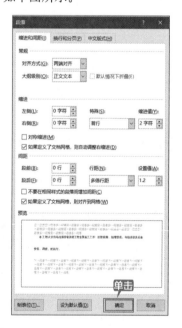

第4步 设置完成后，效果如下图所示。

> **一、火灾自动报警系统主要施工方法**
>
> 本工程火灾自动报警控制系统工程主要施工工序：配管检查、线槽安装、布线连接及设备安装、调试、试运行。
>
> **（一）配管检查**
>
> 检查预埋管路是否符合图纸设计要求，有无遗漏、是否畅通，检查无误后穿入钢丝，保护好管口。
> 检查预埋线盒是否到位，有无遗漏，墙体中线盒预留位置高度是否符合规范要求。
> 箱盒预埋要求灰浆饱满、平整固定、坐标正确。
> 管路应做整体接地连接，采用跨接方法连接。
> 以上各项检查无误后应在管口处安装好护口，为穿线做好准备。

第5步 双击【开始】选项卡下【剪贴板】组中的【格式刷】按钮 ✔，可重复使用格式刷工具。使用格式刷工具对其余正文内容的格式进行设置，最终效果如下图所示。

> **一、火灾自动报警系统主要施工方法**
>
> 本工程火灾自动报警控制系统工程主要施工工序，配管检查、线槽安装、布线连接及设备安装、调试、试运行。
>
> **（一）配管检查**
>
> 检查预埋管路是否符合图纸设计要求，有无遗漏、是否畅通，检查无误后穿入钢丝，保护好管口。
> 检查预埋线盒是否到位，有无遗漏，墙体中线盒预留位置高度是否符合规范要求。
> 箱盒预埋要求灰浆饱满、平整固定、坐标正确。
> 管路应做整体接地连接，采用跨接方法连接。
> 以上各项检查无误后应在管口处安装好护口，为穿线做好准备。
>
> **（二）线槽、桥架安装**
>
> 1. 弹线定位
> 根据设计图确定出安装位置，从始端到终端（先干线后支线）找好水平或垂直线，用粉线袋沿墙等处，在线路中心进行弹线。
> 2. 支、吊架安装
> 要求所用钢材应平直，无显著扭曲。下料后长短偏差应在5mm内，切口处应无卷边、毛刺；支、吊架应安装牢固，保证横平竖直。固定支点间距一般不应大于1.5~2.0m，在进出接线箱、盒、柜、转弯、转角及丁字接头的三端50cm以内应设固定支持点，支、吊架的规格一般不应小于扁铁 30mm×3mm；角钢25mm×25mm×3mm。

3.5 设置内容分页

在施工组织设计资料中，有些文本内容需要分页显示。下面介绍如何使用分节符和分页符进行分页。

3.5.1 重点：使用分节符

分节符是指为表示节的结尾插入的标记，包含节的格式设置元素，如页边距、页面方向、

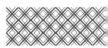

页眉和页脚，以及页码的顺序。分节符起着分隔其前面文本格式的作用，如果删除了某个分节符，它前面的文字会合并到后面的节中，并且采用后者的格式设置。设置分节符的具体操作步骤如下。

第 1 步 将光标置于任意段落末尾，单击【布局】选项卡下【页面设置】组中的【分隔符】按钮，在弹出的下拉列表中选择【分节符】选项组中的【下一页】选项，如下图所示。

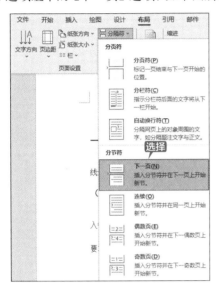

第 2 步 即可将光标下方的文本移至下一页，效果如下图所示。

第 3 步 如果删除分节符，可以将光标置于插入分节符的位置，按【Delete】键删除，效果如下图所示。

3.5.2 重点：使用分页符

施工组织设计资料分为 6 个部分，可在每一部分结束处插入分页符，使下一部分另起一页显示，具体操作步骤如下。

第 1 步 将光标置于第一部分结束的位置，单击【布局】选项卡下【页面设置】组中的【分隔符】按钮，在弹出的下拉列表中选择【分页符】选项组中的【分页符】选项，如下图所示。

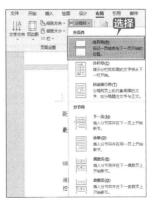

第2步 即可在此处插入分页符，使第二部分的内容另起一页显示，如下图所示。

> 对扩音机和备用扩音机进行全负荷试验，应急广播的语音应清晰。
> 对接入联动系统的消防应急广播设备系统，使其处于自动工作状态，然后按设计的逻辑关系，检查应急广播的工作情况，系统应按设计的逻辑广播。
> 使任意一个扬声器断路，其他扬声器的工作状态不应受影响。
> ——分页符
>
> 第二部分·质量管理体系与措施
> 一、工程质量保证措施

第3步 使用同样的方法，在其他位置插入分页符，如下图所示。

> 4．劳务分配、劳力安排、施工机械和设备实行动态管理，我公司除投入足够的机具设备以保证施工进度外，并实行动态管理。所需技术工种和施工机械，当某一部位受阻影响进度时，直接由我公司领导调配增援，并采取相应的任务调整和加班加点的措施，以保证工期的完成。
> ——分页符
>
> 第五部分··文明及环境保护管理措施
> 一、现场文明施工的措施
> 1．保证工地现场临时用地周围围护设施、房屋牢固、安全整齐、外部色彩符合业主要求。

3.6 插入页码

对于施工组织设计资料这种篇幅较长的文档，页码可以帮助读者记住阅读的位置，阅读起来也更加方便。

在施工组织设计资料文档中单击【插入】选项卡下【页眉和页脚】组中的【页码】按钮，在弹出的下拉列表中选择一种页码样式，即可插入页码，如下图所示。

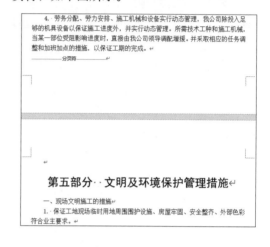

3.6.1 重点：设置页码格式

为了使页码达到最佳的显示效果，可以对页码的格式进行简单的设置，具体操作步骤如下。

第1步 单击【插入】选项卡下【页眉和页脚】组中的【页码】按钮，在弹出的下拉列表中选择【设置页码格式】选项，如下图所示。

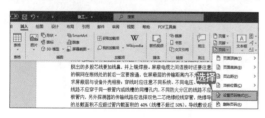

第2步 弹出【页码格式】对话框，在【编号格式】下拉列表中选择一种编号样式，单击【确定】按钮，如下图所示。

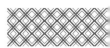

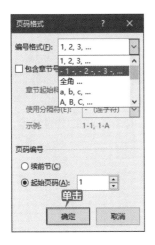

第3步 设置完成后的效果如下图所示。

| 提示 |

【页码格式】对话框中其余各选项的含义如下。

① 【包含章节号】复选框：可以将章节号插入页码中，也可以选择章节起始样式和分隔符。

② 【续前节】单选按钮：接着上一节的页码连续设置页码。

③ 【起始页码】单选按钮：选中该单选按钮后，可以在右侧的数值框中输入起始页码数。

3.6.2 重点：首页不显示页码

施工组织设计资料的首页是封面，一般不显示页码。使首页不显示页码的具体操作步骤如下。

第1步 单击【插入】选项卡下【页眉和页脚】组中的【页码】按钮，在弹出的下拉列表中选择【设置页码格式】选项，如下图所示。

第2步 弹出【页码格式】对话框，在【页码编号】选项区域中选中【起始页码】单选按钮，在数值框中输入"0"，单击【确定】按钮，如下图所示。

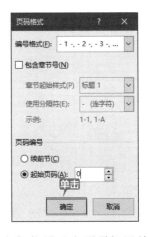

第3步 将鼠标指针放在页码位置并右击，在弹出的快捷菜单中选择【编辑页脚】选项，如下图所示。

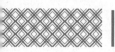
第4步 选中【页眉和页脚】选项卡下【选项】组中的【首页不同】复选框，如下图所示。

第5步 设置完成，单击【关闭页眉和页脚】按钮 ，如下图所示。

第6步 即可取消首页页码的显示，效果如下图所示。

3.6.3 重点：从指定页面中插入页码

对于篇幅较长的文档，用户可以从指定的页面开始添加页码，具体操作步骤如下。

第1步 将光标置于第一部分结束处，按【Delete】键，将之前插入的"分页符"删除。单击【布局】选项卡下【页面设置】组中的【分隔符】按钮 分隔符▾，在弹出的下拉列表中选择【分节符】选项组中的【下一页】选项，如下图所示。

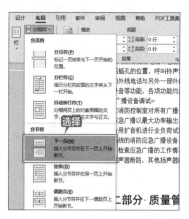

| 提示 |

取消"链接到前一节"功能后，不同节的页眉将不再有联系，删除或修改一节的页眉，其他节不受影响。

第3步 单击【页眉和页脚】选项卡下【页眉和页脚】组中的【页码】按钮 ，在弹出的下拉列表中选择【页面底端】→【普通数字3】选项，如下图所示。

第2步 此时，光标指针在下一页显示，双击此页页眉位置，进入页眉和页脚编辑状态。单击【页眉和页脚】选项卡下【导航】组中的【链接到前一节】按钮 链接到前一节，取消此功能，如下图所示。

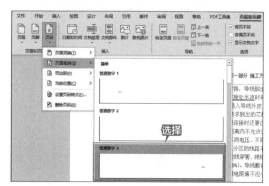

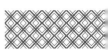

第4步 单击【页眉和页脚】组中的【页码】按钮，在弹出的下拉列表中选择【设置页码格式】选项，弹出【页码格式】对话框，设置【起始页码】为【1】，单击【确定】按钮，如下图所示。

第5步 单击【关闭页眉和页脚】按钮，效果如下图所示。

> 按照 GBJ232-82《电气装置工程施工及验收规范》和已批准的施工图进行施工；水系统代自动喷水灭火系统施工验收规范》和施工工记录,并使之与施工人员经济收入挂钩。识,使施工人员在施工中自觉严格按照技术
>
> - 1 -

> **提示**
>
> 从指定页面插入页码的操作在长文档的排版中会经常遇到，若排版时不需要此操作，则可以将其删除，并重新插入符合要求的页码样式。

3.7 插入页眉和页脚

在页眉和页脚中可以输入创建文档的基本信息，如在页眉中输入文档名称、章节标题或作者名称等信息，在页脚中输入文档的创建时间、页码等信息，不仅能使文档更美观，还能向读者快速传递文档要表达的信息。

> **提示**
>
> 插入和设置页眉、页脚的方法类似，在本案例中无须设置页脚，在这里就不再过多介绍了。

3.7.1 设置为奇偶页不同

页眉和页脚都可以设置为奇偶页显示不同的内容，以传达更多信息。下面以设置页眉奇偶页不同效果为例进行介绍，具体操作步骤如下。

第1步 单击【插入】选项卡下【页眉和页脚】组中的【页眉】按钮，在弹出的下拉列表中选择【空白】选项，即可插入页眉，如下图所示。

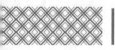
第2步 输入"××公司",然后选中"××公司"文本,在【开始】选项卡下【字体】组中设置【字体】为【黑体】、【字号】为【五号】,在【段落】组中设置【对齐方式】为【左对齐】,效果如下图所示。

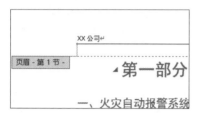

第3步 在【页眉和页脚】选项卡下【选项】组中选中【奇偶页不同】复选框,如下图所示。

第4步 页面会自动跳转至页眉编辑页面,在偶数页文本编辑栏中输入"施工组织设计"文本,设置其【字体】为【宋体】、【字号】为【五号】、【对齐方式】为【右对齐】,效果如下图所示。

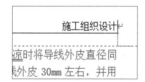

第5步 单击【页眉和页脚】选项卡下【页眉

和页脚】组中的【页码】按钮,在弹出的下拉列表中选择【页面底端】→【普通数字3】选项,如下图所示。

第6步 即可为偶数页重新设置页码,双击空白处,退出页眉和页脚编辑状态,效果如下图所示。

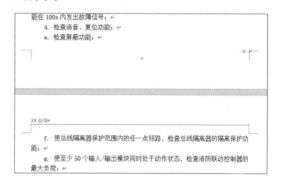

提示

设置奇偶页不同效果后,需要重新设置奇数页和偶数页样式。

3.7.2 添加标题

如果正文页眉要显示当前页面的内容标题,如在页眉处显示施工组织设计资料中各部分的标题,那么可以使用StyleRef域来设置,具体操作步骤如下。

第1步 在页眉处双击,进入页眉和页脚编辑状态,取消选中【页眉和页脚】选项卡下【选项】组中的【奇偶页不同】复选框,如下图所示。

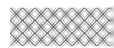

第2步 即可取消奇偶页不同页眉的显示，将所有页眉统一显示为奇数页的页眉，如下图所示。

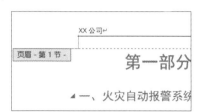

第3步 单击【页眉和页脚】选项卡下【插入】组中的【文档部件】按钮，在弹出的下拉列表中选择【域】选项，如下图所示。

第4步 弹出【域】对话框，在【域名】列表框中选择【StyleRef】选项，在【样式名】列表框中选择【标书标题1】选项，单击【确定】按钮，如下图所示。

第5步 即可在文档的页眉处插入相应的标题，如下图所示。

第6步 将光标定位在"××公司"和"第一部分 施工方案与技术措施"之间，按【Enter】键，将"第一部分 施工方案与技术措施"文本转到下一行，并将其设置为【右对齐】。双击空白处，退出页眉和页脚编辑状态，效果如下图所示。

3.7.3 添加公司LOGO

在施工组织设计资料中加入公司LOGO会使文件看起来更加美观，具体操作步骤如下。

第1步 在页眉处双击，进入页眉和页脚编辑状态。单击【页眉和页脚】选项卡下【插入】组中的【图片】按钮，如下图所示。

第2步 弹出【插入图片】对话框，选择"素材\ch03\公司LOGO.png"图片，单击【插入】按钮，如下图所示。

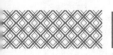

第3步 即可插入图片至页眉，调整图片大小。然后选中图片，单击【图片格式】选项卡下【排列】组中的【环绕文字】按钮 环绕文字，在弹出的下拉列表中选择【浮于文字上方】选项，如下图所示。

第4步 调整图片的位置，双击空白处，退出页眉和页脚编辑状态，效果如下图所示。

3.8 提取目录

目录是施工组织设计资料的重要组成部分，可以帮助读者更方便地阅读资料，使读者更快地找到自己想要阅读的内容。

3.8.1 通过导航查看培训资料大纲

对文档应用了标题样式或设置标题级别之后，可以在导航窗格中查看设置后的效果，并可以快速切换至所要查看的章节。

选中【视图】选项卡下【显示】组中的【导航窗格】复选框，即可在屏幕左侧显示导航窗格，如下图所示。

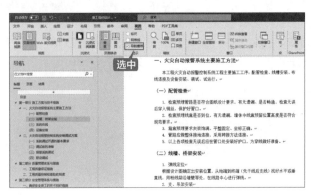

3.8.2 提取目录

为方便阅读，需要在公司施工组织设计资料中加入目录。提取目录的具体操作步骤如下。

第1步 将光标定位在"第一部分 施工方案与技术措施"文本前，单击【布局】选项卡下【页面设置】组中的【分隔符】按钮，在弹出的下拉列表中选择【分页符】选项组中的【分页符】选项，如下图所示。

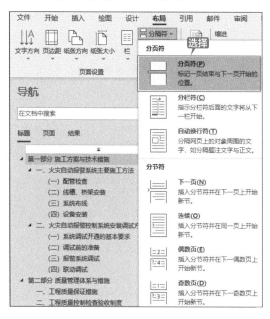

第2步 将光标置于新插入的页面中，在空白页中输入"目录"文本，按【Enter】键切换至下一行，单击【开始】选项卡下【字体】组中的【清除所有格式】按钮，即可将光标所在行的格式清除，如下图所示。

第3步 单击【引用】选项卡下【目录】组中的【目录】按钮，在弹出的下拉列表中选择【自定义目录】选项，如下图所示。

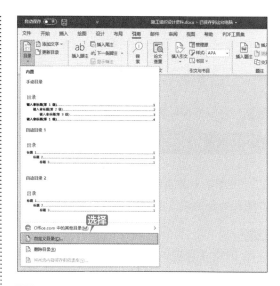

第4步 弹出【目录】对话框，在【目录】选项卡下【格式】下拉列表中选择【正式】选项，将【显示级别】设置为【3】，在【Web 预览】选项区域中可以看到设置后的效果，单击【确定】按钮，如下图所示。

第5步 提取目录后的效果如下图所示。

键，鼠标指针会变为 形状，单击相应的标题链接，即可跳转至相应正文，如下图所示。

第6步 将鼠标指针移动到目录上，按住【Ctrl】

3.8.3 设置目录字体和间距

目录是文章的导航型文本，合适的字体和间距会方便读者快速找到需要的信息。设置目录字体和间距的具体操作步骤如下。

第1步 选中除"目录"文本外的所有目录内容，选择【开始】选项卡，在【字体】组的【字体】下拉列表中选择【宋体】选项，设置【字号】为【小四】，并单击两次【倾斜】按钮 I，效果如下图所示。

提示

因为目录中有部分字体倾斜，所以单击两次【倾斜】按钮 I，可以取消所有文本的倾斜效果。

第2步 单击【段落】组中的【行和段落间距】按钮 ，在弹出的下拉列表中选择【1.15】选项，如下图所示。

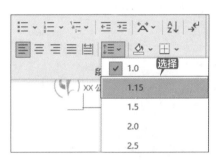

第3步 在目录中右击，在弹出的快捷菜单中选择【更新域】选项，如下图所示。

第4步 弹出【更新目录】对话框，选中【只更新页码】单选按钮，单击【确定】按钮，如下图所示。

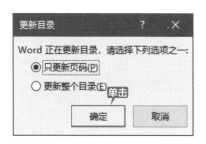

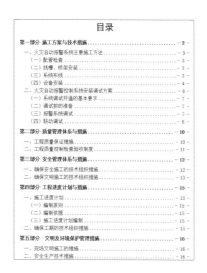

第5步 设置完成后，选择目录的第一行，按【Delete】键将其删除，最终效果如下图所示。

至此，就完成了施工组织设计资料的排版。

排版毕业论文

设计毕业论文时需要注意的是，文档中同一类别文本的格式要统一，层次要有明显的区分。要对同一级别的段落设置相同的大纲级别，还需要将单独显示的页面单独显示。排版毕业论文时可以按照以下思路进行。

1. 设计毕业论文首页

制作毕业论文封面，包含题目、个人相关信息、指导教师和日期等，如下图所示。

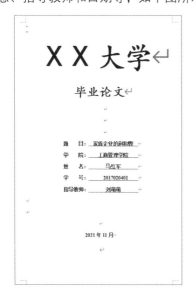

2. 设计毕业论文格式

在撰写毕业论文时，学校会统一毕业论文的格式，需要根据提供的格式统一样式，如下图所示。

3. 设置页眉并插入页码

在毕业论文中可能需要插入页眉，使文

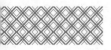

档看起来更美观，一般还需要插入页码，如下图所示。

4. 提取目录

格式设计完成之后就可以提取目录，如下图所示。

◇ 删除页眉中的横线

在添加页眉时，经常会看到自动添加的分隔线。下面介绍删除自动添加的分隔线的具体操作步骤。

第1步 双击页眉，进入页眉和页脚编辑状态。选中页眉处的文本内容，如下图所示。

第2步 单击【开始】选项卡下【段落】组中【边框】下拉按钮，在弹出的下拉列表中选择【无框线】选项，如下图所示。

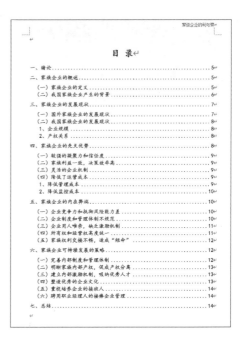

第3步 即可删除页眉处的横线，如下图所示。

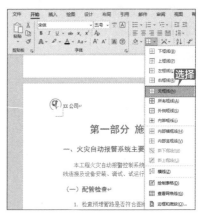

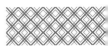

◇ 新功能：使用 Word 无缝协同工作

Word 2021 提供的共享功能可以轻松实现文件共享，在共享人员编辑或在评论中提及文档分享者时，文档分享者会收到通知，并且在每次打开文档时，都能快速了解更改的内容，确保不会丢失工作内容。

第1步 文档编辑完成，选择【文件】选项卡，在弹出的界面左侧选择【共享】选项，在右侧的【共享】选项区域中选择【与人共享】选项，单击【保存到云】按钮，如下图所示。

第2步 进入【另存为】界面，先选择【OneDrive–个人】选项，再选择【文档】选项，如下图所示。

第3步 打开【另存为】对话框，输入文件名，单击【保存】按钮，如下图所示。

第4步 选择【文件】选项卡，在弹出的界面

左侧选择【共享】选项，打开【共享】窗格，在【邀请人员】文本框中输入邀请人员的电子邮件地址，单击【共享】按钮，如下图所示。

第5步 共享人员将会显示在下方的列表中，如下图所示。

第6步 在共享人员名单上右击，在弹出的快捷菜单中选择【删除用户】选项，即可将共享人员删除，如下图所示。

Excel 办公应用篇

本篇主要介绍 Excel 2021 中的各种操作。通过对本篇的学习，读者可以掌握 Excel 2021 的基本操作、初级数据处理与分析，以及图表、透视表、公式和函数的应用等。

第4章
Excel 2021 的基本操作

📖 本章导读

　　Excel 2021 提供了创建工作簿与工作表、输入和编辑数据、插入行与列、设置文本格式等功能，可以方便地记录和管理数据。本章以制作公司员工考勤表为例，介绍 Excel 表格的基本操作。

🛦 思维导图

4.1 公司员工考勤表

制作公司员工考勤表要做到数据精确，确保能准确记录公司员工的考勤情况。

4.1.1 案例概述

公司员工考勤表是公司员工每天上班的凭证，也是员工领取工资的凭证。它记录了员工上班的天数，准确的上、下班时间，以及迟到、早退、旷工、请假等情况。制作公司员工考勤表时，需要注意以下几点。

1. 数据准确

① 制作公司员工考勤表时，选择单元格要准确，合并单元格时要安排好合并的位置，插入的行和列要定位准确，以确保公司员工考勤表中的数据计算准确。

② Excel 中的数据分为数字型、文本型、日期型、时间型、逻辑型等，要分清公司员工考勤表中的数据是哪种数据类型，做到数据输入准确。

2. 便于统计

① 制作的表格要完整，精确到每一个工作日，可以把节假日用其他颜色突出显示，便于统计加班时的考勤。

② 根据公司情况既可以分别设置上午、下午的考勤时间，也可以不区分上午、下午。

3. 界面简洁

① 确定公司员工考勤表的布局，避免多余数据。

② 合并需要合并的单元格，为单元格内容保留合适的位置。

③ 字号不宜过大，但表格的标题与表头一栏可以适当加大、加粗字体。

4.1.2 设计思路

制作公司员工考勤表时可以按照以下思路进行。

① 创建空白工作簿，并对工作簿进行保存与命名。

② 合并单元格，并调整行高与列宽。

③ 在工作簿中输入文本与数据，并设置文本格式。

④ 设置单元格样式，并添加条件格式。

⑤ 设置纸张方向，并添加页眉和页脚。

⑥ 另存为兼容格式，共享工作簿。

4.1.3 涉及知识点

本案例主要涉及以下知识点。

① 创建空白工作簿。

② 合并与拆分单元格。

③ 插入和删除行与列。

④ 文本段落的格式化。

⑤ 使用样式美化工作表。

⑥ 保存工作簿。

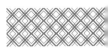

4.2 创建工作簿

在制作公司员工考勤表时，首先要创建空白工作簿，并对创建的工作簿进行保存与命名。

4.2.1 创建空白工作簿

工作簿是指在 Excel 中用来存储并处理工作数据的文件。在 Excel 2021 中，其扩展名为 .xlsx。通常所说的 Excel 文件是指工作簿文件。在使用 Excel 时，首先需要创建一个工作簿，具体创建方法有以下几种。

1. 自动创建

使用自动创建可以快速地在 Excel 中创建一个空白的工作簿。本案例制作的公司员工考勤表可以使用自动创建的方法创建一个工作簿，具体操作步骤如下。

第 1 步 启动 Excel 2021 后，在打开的界面右侧选择【空白工作簿】选项，如下图所示。

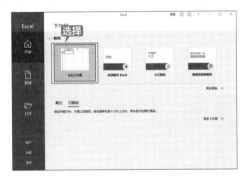

第 2 步 系统会自动创建一个名称为"工作簿 1"的工作簿，如下图所示。

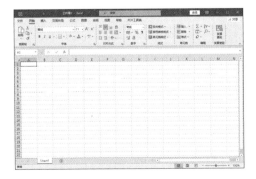

第 3 步 选择【文件】选项卡，在弹出的界面左侧选择【另存为】选项，在右侧的【另存为】

选项区域中单击【浏览】按钮，在弹出的【另存为】对话框中选择文件要保存的位置，在【文件名】文本框中输入"公司员工考勤表"，单击【保存】按钮，如下图所示。

2. 使用【文件】选项卡

如果已经启动 Excel 2021，也可以再次创建一个空白的工作簿。

选择【文件】选项卡，在弹出的界面左侧选择【新建】选项，在右侧的【新建】选项区域中选择【空白工作簿】选项，即可创建一个空白工作簿，如下图所示。

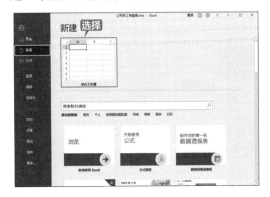

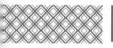

3. 使用快速访问工具栏

使用快速访问工具栏也可以创建空白工作簿。

单击【自定义快速访问工具栏】按钮 ，在弹出的下拉列表中选择【新建】选项，如下图所示。将该选项固定显示在【快速访问工具栏】中，然后单击【新建】按钮 ，即可创建一个空白工作簿。

4. 使用快捷键

使用快捷键可以快速地创建空白工作簿。

在打开的工作簿中，按【Ctrl+N】组合键，即可创建一个空白工作簿。

4.2.2 使用联机模板创建考勤表

启动 Excel 2021 后，可以使用联机模板创建考勤表，具体操作步骤如下

第1步 选择【文件】选项卡，在弹出的界面左侧选择【新建】选项，在右侧搜索文本框中出现"搜索联机模板"字样，如下图所示。

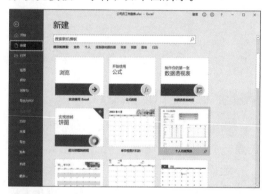

第2步 在该文本框中输入"考勤表"，单击【搜索】按钮 ，如下图所示。

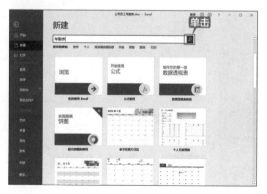

第3步 再次出现的【新建】选项区域，即为 Excel 2021 中的联机模板，选择【员工考勤时间表】模板，如下图所示。

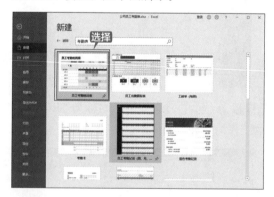

第4步 在弹出的【员工考勤时间表】模板界面中单击【创建】按钮，即可开始下载模板，如下图所示。

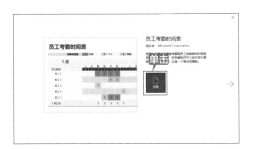

第 5 步 下载完成后，Excel 自动打开【员工考勤时间表】模板，如下图所示。

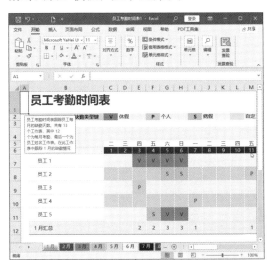

第 6 步 如果要使用该模板创建考勤表，只需更改工作表中的数据并保存工作簿即可。这里单击功能区右上角的【关闭】按钮 ×，在弹出的【Microsoft Excel】提示框中单击【不保存】按钮，如下图所示。

第 7 步 Excel 工作界面返回"公司员工考勤表"工作簿，如下图所示。

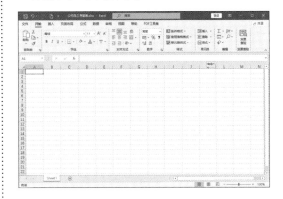

4.3 工作表的基本操作

工作表是工作簿中的一个表。Excel 2021 的一个工作簿默认有一个工作表，用户可以根据需要添加工作表，每一个工作簿最多可以包括 255 个工作表。在工作表的标签上显示系统默认的工作表名称为 Sheet1、Sheet2、Sheet3……本节主要介绍公司员工考勤表中工作表的基本操作。

4.3.1 插入和删除工作表

除了新建工作表，还可以插入新的工作表来满足多工作表的需求。下面介绍几种插入工作表的方法。

1. 插入工作表

（1）使用功能区

使用功能区插入工作表的具体操作步骤如下。

第 1 步 在打开的 Excel 文件中，单击【开始】选项卡下【单元格】组中的【插入】下拉按钮 ，在弹出的下拉列表中选择【插入工作表】选项，如下图所示。

第2步 即可在工作表的前面创建一个新工作表，如下图所示。

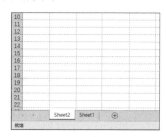

（2）使用快捷菜单

使用快捷菜单插入工作表的具体操作步骤如下。

第1步 在 Sheet1 工作表标签上右击，在弹出的快捷菜单中选择【插入】选项，如下图所示。

第2步 弹出【插入】对话框，在【常用】选项卡下选择【工作表】选项，单击【确定】按钮，如下图所示。

第3步 即可在当前工作表的前面插入一个新工作表，如下图所示。

（3）使用【新工作表】按钮

单击工作表名称后的【新工作表】按钮⊕，也可以快速插入新工作表，如下图所示。

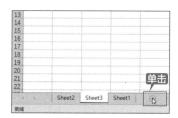

2. 删除工作表

（1）使用快捷菜单

使用快捷菜单删除工作表的具体操作步骤如下。

第1步 选择多余的工作表，在选中的工作表标签上右击，在弹出的快捷菜单中选择【删除】选项，如下图所示。

第2步 在 Excel 中即可看到删除工作表后的效果，如下图所示。

（2）使用功能区

选择要删除的工作表，单击【开始】选项卡下【单元格】组中的【删除】下拉按

钮，在弹出的下拉列表中选择【删除工作表】选项，即可将选择的工作表删除，如下图所示。

4.3.2 重命名工作表

每个工作表都有自己的名称，默认情况下以 Sheet1、Sheet2、Sheet3……命名工作表。用户可以对工作表进行重命名操作，以便更好地管理工作表。重命名工作表的方法有以下两种。

1. 在标签上直接重命名

在标签上直接重命名的具体操作步骤如下。

第1步 双击要重命名的工作表标签 Sheet2（此时该标签以高亮显示），标签 Sheet2 进入可编辑状态，如下图所示。

第2步 输入新的标签名，按【Enter】键即可完成对该工作表标签的重命名操作，如下图所示。

2. 使用快捷菜单重命名

使用快捷菜单重命名的具体操作步骤如下。

第1步 在要重命名的工作表标签上右击，在弹出的快捷菜单中选择【重命名】选项，如下图所示。

第2步 此时，工作表标签会高亮显示，输入新的标签名，按【Enter】键即可完成工作表的重命名，如下图所示。

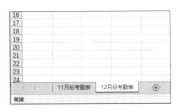

4.3.3 移动和复制工作表

在 Excel 中插入多个工作表后，可以移动和复制工作表。

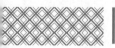

1. 移动工作表

移动工作表最简单的方法是使用鼠标操作，在同一个工作簿中移动工作表的方法有以下两种。

（1）直接拖曳

直接拖曳移动工作表的具体操作步骤如下。

第1步 选择要移动的工作表标签并按住鼠标左键不放，如下图所示。

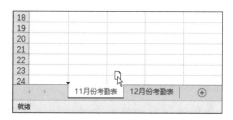

第2步 拖曳鼠标让鼠标指针移动到工作表的新位置，黑色倒三角会随鼠标指针移动，如下图所示。

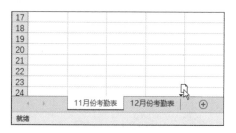

第3步 释放鼠标左键，工作表即可移动到新的位置，如下图所示。

（2）使用快捷菜单

使用快捷菜单移动工作表的具体操作步骤如下。

第1步 在要移动的工作表标签上右击，在弹出的快捷菜单中选择【移动或复制】选项，

如下图所示。

第2步 在弹出的【移动或复制工作表】对话框中选择工作表要插入的位置，单击【确定】按钮，如下图所示。

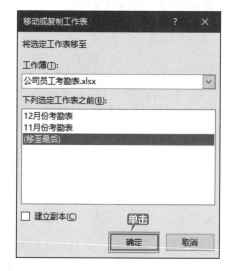

第3步 即可将当前工作表移动到指定的位置，如下图所示。

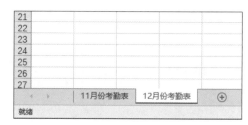

不但可以在同一个 Excel 工作簿中移动工作表，还可以在不同的工作簿中移动工作表。如果要在不同的工作簿中移动工作表，则要求这些工作簿必须是打开的。打开【移动或复制工作表】对话框，在【工作簿】下拉列表中选择要移动的目标位置，单击【确定】按钮，即可将当前工作表移动到指定的位置，如下图所示。

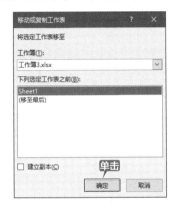

2. 复制工作表

用户可以在一个或多个 Excel 工作簿中复制工作表，一般有以下两种方法。

（1）使用鼠标

使用鼠标复制工作表的步骤与移动工作表的步骤相似，只是在拖曳鼠标的同时按住【Ctrl】键即可，具体操作步骤如下。

第1步 选择要复制的工作表，按住【Ctrl】键的同时单击该工作表标签，拖曳鼠标让鼠标指针移动到工作表的新位置，黑色倒三角会随鼠标指针移动，如下图所示。

第2步 释放鼠标左键，工作表即被复制到新的位置，如下图所示。

（2）使用快捷菜单

使用快捷菜单复制工作表的具体操作步骤如下。

第1步 选择要复制的工作表，在工作表标签上右击，在弹出的快捷菜单中选择【移动或复制】选项，如下图所示。

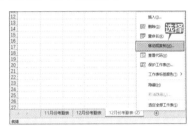

第2步 在弹出的【移动或复制工作表】对话框中选择要复制的目标工作簿和插入的位置，选中【建立副本】复选框，单击【确定】按钮，如下图所示。

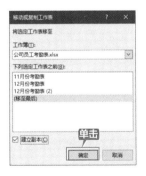

第3步 即可完成复制工作表的操作，如下图所示。

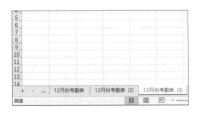

选择多余的工作表，在选中的工作表标签上右击，在弹出的快捷菜单中选择【删除】选项，如下图所示。

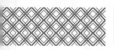

即可删除多余的工作表，如下图所示。

4.3.4 隐藏和显示工作表

用户可以对工作表进行隐藏和显示操作，以便更好地管理工作表，具体操作步骤如下。

第1步 选择要隐藏的工作表，这里选择"11月份考勤表"，在工作表标签上右击，在弹出的快捷菜单中选择【隐藏】选项，如下图所示。

第2步 在 Excel 中即可看到"11 月份考勤表"工作表已被隐藏，如下图所示。

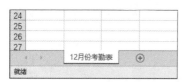

第3步 在任意一个工作表标签上右击，在弹出的快捷菜单中选择【取消隐藏】选项，如下图所示。

第4步 在弹出的【取消隐藏】对话框中选择【11 月份考勤表】选项，单击【确定】按钮，如下图所示。

第5步 在 Excel 中即可看到"11 月份考勤表"工作表已重新显示，如下图所示。

| 提示 |

隐藏工作表时，在工作簿中必须有两个或两个以上的工作表。

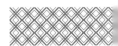

4.3.5 设置工作表标签的颜色

在 Excel 中可以对工作表的标签设置不同的颜色，以区分工作表的内容分类及重要级别等，使用户更好地管理工作表，具体操作步骤如下。

第1步 选择要设置标签颜色的工作表，在工作表标签上右击，在弹出的快捷菜单中选择【工作表标签颜色】选项，如下图所示。

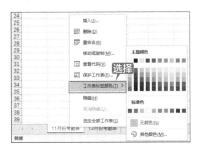

第2步 在弹出的下拉列表中选择【标准色】选项组中的【红色】选项，如下图所示。

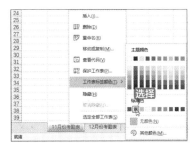

第3步 即可看到工作表的标签颜色已经更改为"红色"，如下图所示。

4.4 输入数据

对于单元格中输入的数据，Excel 会自动地根据数据的特征进行处理并显示出来。本节介绍如何在公司员工考勤表中输入和编辑这些数据。

4.4.1 输入文本

单元格中的文本包括汉字、英文字母、数字和符号等。每个单元格最多可包含 32767 个字符。在单元格中输入文字和数字，Excel 会将它显示为文本形式。若仅输入文字，则 Excel 会将它作为文本处理；若仅输入数字，则 Excel 会将它作为数值处理。

选择要输入的单元格，输入数据后按【Enter】键，Excel 会自动识别数据类型，并将单元格对齐方式默认为"左对齐"。

如果单元格列宽容纳不下文本字符串，多余字符串会在相邻单元格中显示；若相邻的单元格中已有数据，就会截断显示，如下图所示。

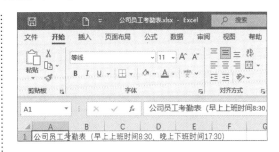

在公司员工考勤表中，输入其他文本数据，如下图所示。

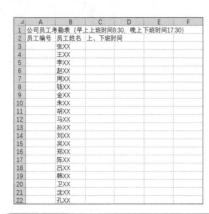

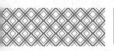

提示

如果在单元格中输入的是多行数据，在换行处按【Alt+Enter】组合键可以实现换行。换行后在一个单元格中将显示多行文本，行的高度也会自动增大。

4.4.2 重点：输入以"0"开头的员工编号

在公司员工考勤表中，输入以"0"开头的员工编号，对考勤表进行规范管理。输入以"0"开头的数字，有以下3种方法。

1. 添加英文单引号

添加英文单引号输入以"0"开头的数字的具体操作步骤如下。

第1步 如果输入以数字"0"开头的数字串，Excel 将自动省略"0"。如果要保持输入的内容不变，可以先输入英文标点单引号（'），再输入以"0"开头的数字，如下图所示。

第2步 按【Enter】键，即可确认输入的数字内容，如下图所示。

2. 使用功能区

使用功能区输入以"0"开头的数字的具体操作步骤如下。

第1步 选中要输入以"0"开头的数字的单元格，单击【开始】选项卡下【数字】组中的【数字格式】下拉按钮，如下图所示。

第2步 在弹出的下拉列表中选择【文本】选项，如下图所示。

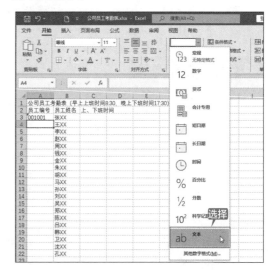

第3步 返回 Excel 中，输入数字"001002"，如下图所示。

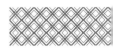

第4步 按【Enter】键确认输入后，数字前的"0"并没有消失，如下图所示。

3. 使用【设置单元格格式】对话框

使用【设置单元格格式】对话框输入以"0"开头的数字的具体操作步骤如下。

选择要输入以"0"开头的数字的单元格区域并右击，在弹出的快捷菜单中选择【设置单元格格式】选项，弹出【设置单元格格式】对话框，在【数字】选项卡下【分类】列表

框中选择【文本】选项，单击【确定】按钮，即可在单元格中输入以"0"开头的数字，如下图所示。

4.4.3 输入日期和时间

在公司员工考勤表中输入日期或时间时，需要用特定的格式定义，日期和时间也可以参加运算。Excel 内置了一些日期和时间的格式，当输入的数据与这些格式相匹配时，Excel 会自动将它们识别为日期或时间数据。

1. 输入日期

在公司员工考勤表中，需要输入当前月份的日期，以便归档管理考勤表。在输入日期时，可以用左斜线或短线分隔日期的年、月、日。例如，可以输入"2021/11"或"2021-11"，具体操作步骤如下。

第1步 选择要输入日期的单元格，输入"2021/11"，如下图所示。

	E	F	G
	下班时间17:30)		
	2021/11		

第2步 按【Enter】键，单元格中的内容变为"Nov-21"，如下图所示。

	E	F	G
	下班时间17:30)		
	Nov-21		

第3步 选中该单元格，单击【开始】选项卡下【数字】组中的【数字格式】下拉按钮，在弹出的下拉列表中选择【短日期】选项，如下图所示。

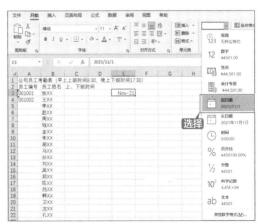

第4步 在 Excel 中即可看到单元格的数字格式设置后的效果，如下图所示。

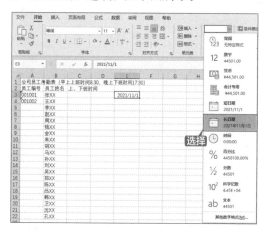

第5步 单击【开始】选项卡下【数字】组中的【数字格式】下拉按钮，在弹出的下拉列表中选择【长日期】选项，如下图所示。

第6步 在 Excel 中即可看到单元格的数字格式设置后的效果，如下图所示。

提示

如果要输入当前的日期，按【Ctrl+；】组合键即可。

第7步 在本案例中，选中 D2 单元格，输入"2021 年 11 月份"，如下图所示。

2. 输入时间

在公司员工考勤表中，输入每个员工的上、下班时间，可以细致地记录每个人的出勤情况，具体操作步骤如下。

第1步 在输入时间时，小时、分、秒之间用冒号（：）作为分隔符，即可快速地输入时间。例如，输入"8：25"，结果如下图所示。

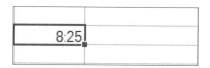

第2步 如果按 12 小时制输入时间，需要在时间的后面空一格，再输入字母 am（上午）或 pm（下午）。例如，输入"5：00 pm"，按【Enter】键的时间结果是"5：00 PM"，如下图所示。

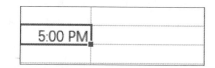

第3步 如果要输入当前的时间，按【Ctrl+Shift+；】组合键即可，如下图所示。

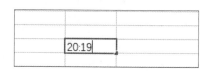

第4步 在公司员工考勤表中，在 C3 单元格中输入"上班时间"，并输入部分员工的上、下班时间，如下图所示。

	A	B	C	D	E
2	员工编号	员工姓名	上、下班时间	2021年11月份	
3	001001	张XX	上班时间	8:21	
4	001002	王XX		8:25	
5		李XX		8:40	
6		赵XX		9:02	
7		周XX		8:30	
8		钱XX		8:12	
9		金XX		7:56	
10		朱XX		8:42	
11		胡XX		8:20	

提示

特别需要注意的是，如果单元格中首次输入的是日期，单元格就自动格式化为日期格式，以后即使输入一个普通数值，系统也会换算成日期显示。

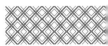

4.4.4 重点：填充数据

在公司员工考勤表中，使用 Excel 的自动填充功能可以方便地输入有规律的数据。有规律的数据是指等差、等比、系统预定义的数据填充序列和用户自定义的序列。

1. 填充相同的数据

使用填充柄可以在表格中输入相同的数据，相当于复制数据，具体操作步骤如下。

第1步 选中 C3 单元格，将鼠标指针指向该单元格右下角的填充柄，如下图所示。

第2步 待鼠标指针变为 ✚ 形状时，拖曳鼠标至 C22 单元格，结果如下图所示。

2. 填充序列

使用填充柄还可以填充序列数据，如等差或等比序列，具体操作步骤如下。

第1步 选中 A3 单元格，将鼠标指针指向该单元格右下角的填充柄，如下图所示。

第2步 待鼠标指针变为 ✚ 形状时，拖曳鼠标至 A22 单元格，即可进行 Excel 2021 中默认的等差序列的填充，如下图所示。

第3步 在第 3 行上方插入新行，在 D3、E3 单元格中分别输入 "1" "2"，选中 D3:E3 单元格区域，将鼠标指针指向该单元格区域右下角的填充柄，如下图所示。

第4步 待鼠标指针变为 ✚ 形状时，拖曳鼠标至 AH3 单元格，即可进行等差序列的填充，如下图所示。

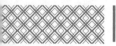

4.5 行、列和单元格的操作

单元格是工作表中行列交汇处的区域，它可以保存数值、文字和声音等数据。在 Excel 中，单元格是编辑数据的基本元素。下面介绍在公司员工考勤表中行、列、单元格的基本操作。

4.5.1 重点：单元格的选取和定位

对公司员工考勤表中的单元格进行编辑操作，首先要选择单元格或单元格区域（启动 Excel 并创建新的工作簿时，单元格 A1 处于自动选定状态）。

1. 选择一个单元格

单击某一单元格，若单元格的边框线变成青色的粗线条，则该单元格处于选定状态。当前单元格的地址显示在名称框中，在工作表区域内，鼠标指针会呈白色✚形状，如下图所示。

|提示| ::::::::

在名称框中输入目标单元格的地址，如输入"G1"，按【Enter】键即可选定第 G 列和第 1 行交汇处的单元格，如下图所示。此外，使用键盘上的上、下、左、右 4 个方向键，也可以选定单元格。

2. 选择连续的单元格区域

在公司员工考勤表中，如果要对多个单元格进行相同的操作，可以先选择单元格区域，具体操作步骤如下。

第 1 步 单击该区域左上角的 A2 单元格，如下图所示，按住【Shift】键的同时单击该区域右下角的单元格 C6。

	A	B	C	D
1	公司员工考勤表（早上上班时间8:30，晚上			
2	员工编号	员工姓名	上、下班时	2021年11月
3				1
4	001001	张XX	上班时间	8:21
5	001002	王XX	上班时间	8:25
6	001003	李XX	上班时间	8:40

第 2 步 此时，即可选中 A2:C6 单元格区域，结果如下图所示。

	A	B	C	D
1	公司员工考勤表（早上上班时间8:30，晚上			
2	员工编号	员工姓名	上、下班时	2021年11月
3				1
4	001001	张XX	上班时间	8:21
5	001002	王XX	上班时间	8:25
6	001003	李XX	上班时间	8:40

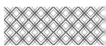

提示

将鼠标指针移到该区域左上角的 A2 单元格上，按住鼠标左键不放，向该区域右下角的 C6 单元格拖曳，或者在名称框中输入单元格区域名称 "A2:C6"，按【Enter】键，均可选中 A2:C6 单元格区域，如下图所示。

3. 选择不连续的单元格区域

选择不连续的单元格区域，即选择不相邻的单元格或单元格区域，具体操作步骤如下。

第1步 选择第 1 个单元格区域（如选择 A2:C3 单元格区域）后，按住【Ctrl】键不放，如下图所示。

第2步 拖曳鼠标选择第 2 个单元格区域（如选择 C6:E8 单元格区域），如下图所示。

第3步 使用同样的方法，可以选择多个不连续的单元格区域，如下图所示。

4. 选择所有单元格

选择所有单元格，即选择整个工作表，有以下两种方法。

方法一：单击工作表左上角行号与列标相交处的【全选】按钮，即可选定整个工作表，如下图所示。

方法二：按【Ctrl+A】组合键也可以选择整个工作表，如下图所示。

4.5.2 重点：合并与拆分单元格

合并与拆分单元格是最常用的单元格操作，它不仅可以满足用户编辑公司员工考勤表内表格中数据的需求，还可以使公司员工考勤表整体上更加美观。

1. 合并单元格

合并单元格是指在 Excel 工作表中，将两个或多个选定的相邻单元格合并成一个单元格。在公司员工考勤表中合并单元格的具体操作步骤如下。

第1步 选中 A2:A3 单元格区域，单击【开始】选项卡下【对齐方式】组中的【合并后居中】按钮，如下图所示。

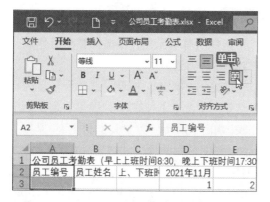

第2步 即可合并且居中显示该单元格中的内容，如下图所示。

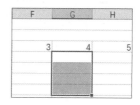

第3步 合并公司员工考勤表中需要合并的其他单元格，效果如下图所示。

| 提示 |

单元格合并后，将使用原始区域左上角的单元格地址来表示合并后的单元格地址。

2. 拆分单元格

在 Excel 工作表中，还可以将合并后的单元格拆分成多个单元格，具体操作步骤如下。

第1步 合并 G4:G7 单元格区域，选择合并后的 G4 单元格，如下图所示。

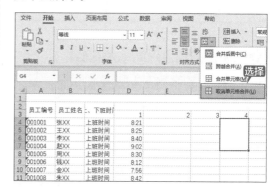

第2步 单击【开始】选项卡下【对齐方式】组中的【合并后居中】下拉按钮，在弹出的下拉列表中选择【取消单元格合并】选项，如下图所示。

第3步 即可取消合并的单元格，如下图所示。

使用鼠标右键也可以拆分单元格，具体操作步骤如下。

第1步 在合并后的单元格上右击，在弹出的快捷菜单中选择【设置单元格格式】选项，如下图所示。

第2步 弹出【设置单元格格式】对话框，在【对

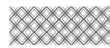

齐】选项卡下取消选中【合并单元格】复选框，然后单击【确定】按钮，如下图所示。

第 3 步 即可将合并后的单元格拆分，效果如下图所示。

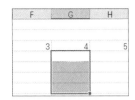

4.5.3 清除单元格中的内容

清除单元格中的内容，使公司员工考勤表中的数据修改更加简便、快捷。清除单元格中的内容有以下 3 种方法。

1. 使用【清除】按钮

选中要清除数据的 F3 单元格，单击【开始】选项卡下【编辑】组中的【清除】按钮◇·，在弹出的下拉列表中选择【清除内容】选项，即可在公司员工考勤表中清除单元格中的内容，如下图所示。

> **提示**
>
> 选择【全部清除】选项，可以将单元格中的内容、格式、批注及超链接等全部清除。
> 选择【清除格式】选项，只清除为单元格设置的格式；选择【清除内容】选项，仅清除单元格中的文本内容；选择【清除批注】选项，仅清除在单元格中添加的批注；选择【清除超链接】选项，仅清除单元格中设置的超链接。

2. 使用快捷菜单

使用快捷菜单清除单元格中的内容的具体操作步骤如下。

第 1 步 选中要清除数据的 D12 单元格，如下图所示。

	A	B	C	D	E
1					
2	员工编号	员工姓名	上、下班时间		
3				1	2
4	001001	张XX	上班时间	8:21	
5	001002	王XX	上班时间	8:25	
6	001003	李XX	上班时间	8:40	
7	001004	赵XX	上班时间	9:02	
8	001005	周XX	上班时间	8:30	
9	001006	钱XX	上班时间	8:12	
10	001007	金XX	上班时间	7:56	
11	001008	朱XX	上班时间	8:42	
12	001009	胡XX	上班时间	8:20	
13	001010	马XX	上班时间		

第 2 步 右击，在弹出的快捷菜单中选择【清除内容】选项，如下图所示。

第3步 即可清除 D12 单元格中的内容，如下图所示。

	A	B	C	D	E
1					
2	员工编号	员工姓名	上、下班时间		
3				1	2
4	001001	张XX	上班时间	8:21	
5	001002	王XX	上班时间	8:25	
6	001003	李XX	上班时间	8:40	
7	001004	赵XX	上班时间	9:02	
8	001005	周XX	上班时间	8:30	
9	001006	钱XX	上班时间	8:12	
10	001007	金XX	上班时间	7:56	
11	001008	朱XX	上班时间	8:42	
12	001009	胡XX	上班时间		
13	001010	马XX	上班时间		

3. 使用【Delete】键

使用【Delete】键清除单元格中的内容的具体操作步骤如下。

第1步 选中要清除数据的 D11 单元格，如下图所示。

	A	B	C	D	E
1					
2	员工编号	员工姓名	上、下班时间		
3				1	2
4	001001	张XX	上班时间	8:21	
5	001002	王XX	上班时间	8:25	
6	001003	李XX	上班时间	8:40	
7	001004	赵XX	上班时间	9:02	
8	001005	周XX	上班时间	8:30	
9	001006	钱XX	上班时间	8:12	
10	001007	金XX	上班时间	7:56	
11	001008	朱XX	上班时间	8:42	

第2步 按【Delete】键，即可清除 D11 单元格中的内容，如下图所示。

	A	B	C	D	E
1					
2	员工编号	员工姓名	上、下班时间		
3				1	2
4	001001	张XX	上班时间	8:21	
5	001002	王XX	上班时间	8:25	
6	001003	李XX	上班时间	8:40	
7	001004	赵XX	上班时间	9:02	
8	001005	周XX	上班时间	8:30	
9	001006	钱XX	上班时间	8:12	
10	001007	金XX	上班时间	7:56	
11	001008	朱XX	上班时间		
12	001009	胡XX	上班时间		

4.5.4 重点：插入行与列

在公司员工考勤表中，用户可以根据需要插入行与列。插入行与列有以下两种方法。

1. 使用快捷菜单

使用快捷菜单插入行与列的具体操作步骤如下。

第1步 如果要在第5行的上方插入行，可以选择第5行的任意单元格或选择第5行，这里选中 A5 单元格并右击，在弹出的快捷菜单中选择【插入】选项，如下图所示。

第2步 在弹出的【插入】对话框中选中【整行】

单选按钮，单击【确定】按钮，如下图所示。

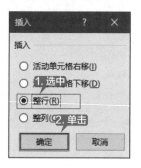

第3步 即可在第5行的上方插入新行，如下图所示。

	A	B	C	D
1				
2	员工编号	员工姓名	上、下班时间	
3				1
4	001001	张XX	上班时间	8:21
5				
6	001002	王XX	上班时间	8:25

第4步 如果要插入列，可以选择某列或某列的任意单元格并右击，在弹出的快捷菜单中选择【插入】选项，在弹出的【插入】对话框中选中【整列】单选按钮，单击【确定】

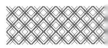

按钮，如下图所示。

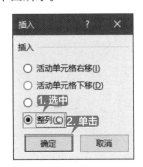

第5步 即可在所选列或所选单元格所在列的左侧插入新列，如下图所示。

	A	B	C	D
1				
2		员工编号	员工姓名	上、下班时间
3				
4		001001	张XX	上班时间
5				
6		1002	王XX	上班时间
7		001003	李XX	上班时间
8		001004	赵XX	上班时间
9		001005	周XX	上班时间

2. 使用功能区

使用功能区插入行与列的具体操作步骤如下。

第1步 选择需要插入行的A7单元格，单击【开始】选项卡下【单元格】组中的【插入】下拉按钮，在弹出的下拉列表中选择【插入工作表行】选项，如下图所示。

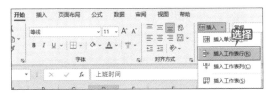

第2步 即可在第7行的上方插入新行。单击【开始】选项卡下【单元格】组中的【插入】下拉按钮，在弹出的下拉列表中选择【插入工作表列】选项，如下图所示。

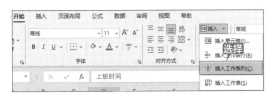

第3步 即可在所选单元格所在列的左侧插入新列。使用功能区插入行与列后的效果如下图所示。

	A	B	C	D	E	F	G
1							
2							
3			员工编号	员工姓名	上、下班时间	1	2
4			001001	张XX	上班时间	8:21	
5							
6			001002	王XX	上班时间	8:25	
7							
8			001003	李XX	上班时间	8:40	
9			001004	赵XX	上班时间	9:02	
10			001005	周XX	上班时间	8:30	
11			001006	钱XX	上班时间	8:12	
12			001007	朱XX	上班时间	7:56	
13			001008	牛XX	上班时间		
14			001009	胡XX	上班时间		

| 提示 |

在工作表中插入新行，当前行向下移动；而插入新列，当前列则向右移动。选中单元格的名称也会相应地发生变化。

4.5.5 重点：删除行与列

删除多余的行与列，可以使公司员工考勤表更加美观、准确。删除行与列有以下3种方法。

1. 使用【删除文档】对话框

使用【删除文档】对话框删除行与列的具体操作步骤如下。

第1步 选择要删除行中的任意一个单元格，这里选中 A7 单元格并右击，在弹出的快捷菜单中选择【删除】选项，如下图所示。

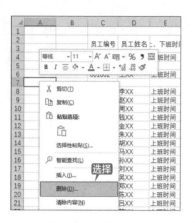

第2步 在弹出的【删除文档】对话框中选中【整行】单选按钮,单击【确定】按钮,如下图所示。

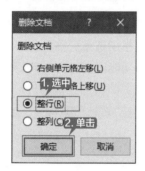

第3步 即可删除选中单元格所在的行,如下图所示。

第4步 选择要删除列中的任意一个单元格,这里选中 A1 单元格并右击,在弹出的快捷菜单中选择【删除】选项,在弹出的【删除文档】对话框中选中【整列】单选按钮,单击【确定】按钮,如下图所示。

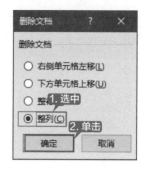

第5步 即可删除选中单元格所在的列,如下图所示。

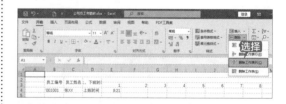

2. 使用功能区

使用功能区删除行与列的具体操作步骤如下。

第1步 选择要删除行或列中的任意一个单元格,这里选中 A1 单元格,单击【开始】选项卡下【单元格】组中的【删除】下拉按钮⏷,在弹出的下拉列表中选择【删除工作表行】或【删除工作表列】选项,这里选择【删除工作表列】选项,如下图所示。

第2步 即可删除选中单元格所在的列,如下图所示。

	A	B	C	D	E
1					
2	员工编号	员工姓名	上、下班时间		
3				1	2
4	001001	张XX	上班时间	8:21	
5					
6	001002	王XX	上班时间	8:25	
7	001003	李XX	上班时间	8:40	
8	001004	赵XX	上班时间	9:02	

重复插入行与列的操作，在公司员工考勤表中插入需要的行和列，如下图所示。

	A	B	C	D	E
1					
2	员工编号	员工姓名	上、下班时间		
3				1	2
4	001001	张XX	上班时间	8:21	
5					
6	001002	王XX	上班时间	8:25	
7					
8	001003	李XX	上班时间	8:40	
9					
10	001004	赵XX	上班时间	9:02	
11					
12	001005	周XX	上班时间	8:30	
13					
14	001006	钱XX	上班时间	8:12	
15					
16	001007	金XX	上班时间	7:56	
17					
18	001008	朱XX	上班时间		
19					
20	001009	胡XX	上班时间		
21					
22	001010	马XX	上班时间		
23					
24	001011	孙XX	上班时间		
25					
26	001012	刘XX	上班时间		

将需要合并的单元格区域合并，并输入其他内容，效果如下图所示。

	A	B	C	D	E	F	G
1							
2	员工编号	员工姓名	上、下班时间				
3				1	2	3	4
4	001001	张XX	上班时间	8:21			
5			下班时间				
6	001002	王XX	上班时间	8:25			
7			下班时间				
8	001003	李XX	上班时间	8:40			
9			下班时间				
10	001004	赵XX	上班时间	9:02			
11			下班时间				
12	001005	周XX	上班时间	8:30			
13			下班时间				
14	001006	钱XX	上班时间	8:12			
15			下班时间				
16	001007	金XX	上班时间	7:56			
17			下班时间				
18	001008	朱XX	上班时间				
19			下班时间				
20	001009	胡XX	上班时间				
21			下班时间				
22	001010	马XX	上班时间				
23			下班时间				
24	001011	孙XX	上班时间				
25			下班时间				

3. 使用快捷菜单

选择要删除的整行或整列并右击，在弹出的快捷菜单中选择【删除】选项，即可直接删除选择的整行或整列，如下图所示。

4.5.6 重点：调整行高与列宽

在公司员工考勤表中，当单元格的高度或宽度不足时，会导致数据显示不完整，这时就需要调整行高或列宽，使考勤表的布局更加合理，外表更加美观。

1. 调整单行或单列

制作公司员工考勤表时，可以根据需要调整单行或单列的行高或列宽，具体操作步骤如下。

第1步 将鼠标指针移动到第1行与第2行两行的列号之间，当鼠标指针变为╬形状时，按住鼠标左键的同时，向上拖曳可使行高变小，向下拖曳可使行高变大，如下图所示。

		C	D
高度: 18.75 (25 像素)			
1			
2			
3	员工编号	员工姓名	上、下班时间
			1
4	001001	张XX	上班时间	8:21
5			下班时间
6	001002	王XX	上班时间	8:25
7			下班时间

第2步 向下拖曳到合适位置时松开鼠标左键，即可增大行高，如下图所示。

第3步 将鼠标指针移动到第2列与第3列两列的列标之间，当鼠标指针变为✛形状时，按住鼠标左键的同时，向左拖曳可使列宽变小，向右拖曳可使列宽变大，如下图所示。

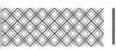

第4步 向右拖曳到合适位置时松开鼠标左键，即可增大列宽，如下图所示。

> **提示**
>
> 拖曳鼠标时将显示以点和像素为单位的宽度工具提示。

2. 调整多行或多列

在公司员工考勤表中，如果对应的日期列宽过宽，可以同时进行宽度调整，具体操作步骤如下。

第1步 选择D列到AH列之间的所有列，将鼠标指针放在任意两列的列标之间，然后拖曳鼠标，向右拖曳可增大列宽，向左拖曳可

减小列宽，如下图所示。

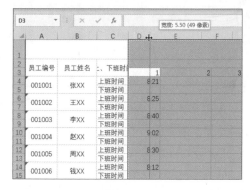

第2步 向左拖曳到合适位置时松开鼠标左键，即可减小列宽，如下图所示。

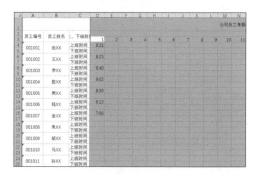

第3步 选择第2行到第43行之间的所有行，然后拖曳所选行号的下侧边界，向下拖曳可增大行高，如下图所示。

第4步 向下拖曳到合适位置时松开鼠标左键，即可增大行高，如下图所示。

3. 调整整个工作表的行高或列宽

如果要调整工作表中所有行或列的高度或宽度，单击【全选】按钮，然后拖曳任意行号或列标的边界调整行高或列宽，如下图所示。

4. 自动调整行高与列宽

在 Excel 中，除了手动调整行高与列宽，还可以将单元格设置为根据单元格内容自动

调整行高或列宽，具体操作步骤如下。

第1步 在公司员工考勤表中，选择要调整的行或列，这里选择 C 列，单击【开始】选项卡下【单元格】组中的【格式】按钮，在弹出的下拉列表中选择【自动调整行高】或【自动调整列宽】选项，这里选择【自动调整列宽】选项，如下图所示。

第2步 自动调整列宽后的效果如下图所示。

4.6 文本段落的格式化

在 Excel 2021 中，设置字体格式、对齐方式、边框和背景等，可以美化公司员工考勤表。

4.6.1 设置字体

在公司员工考勤表制作完成后，可对字体进行设置，如大小、加粗、颜色等，使考勤表看起来更加美观，具体操作步骤如下。

第1步 选中 A1 单元格，单击【开始】选项卡下【字体】组中的【字体】下拉按钮，在弹出的

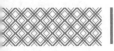

下拉列表中选择【微软雅黑】选项，如下图所示。

第2步 单击【开始】选项卡下【字体】组中的【字号】下拉按钮，在弹出的下拉列表中选择【18】选项，如下图所示。

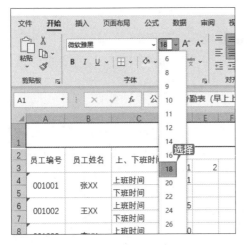

第3步 双击 A1 单元格，选中单元格中的"（早上上班时间 8:30，晚上下班时间 17:30）"文本，单击【开始】选项卡下【字体】组中的【字体颜色】下拉按钮，在弹出的下拉列表中选择【红色】选项，如下图所示。

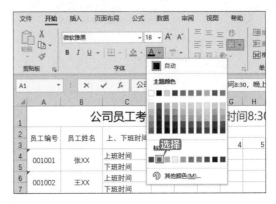

第4步 单击【开始】选项卡下【字体】组中的【字号】下拉按钮，在弹出的下拉列表中选择【12】选项，如下图所示。

第5步 重复上面的步骤，选择第2行和第3行，设置【字体】为【微软雅黑】、【字号】为【12】，如下图所示。

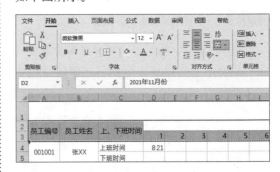

第6步 选择第4行到第43行之间的所有行，设置【字体】为【等线】、【字号】为【11】，如下图所示。

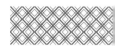

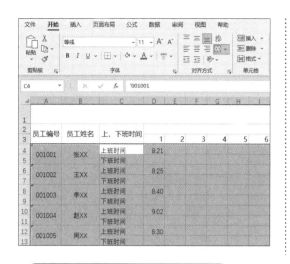

第7步 选择 2021 年 11 月份中日期为星期六和星期日的单元格，并设置其【字体颜色】为【红色】，如下图所示。

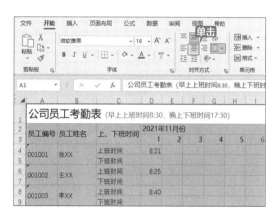

4.6.2 重点：设置对齐方式

Excel 2021 允许为单元格数据设置的对齐方式有左对齐、右对齐和居中对齐等。在本案例中设置居中对齐，使公司员工考勤表更加有序、美观。

在【开始】选项卡下的【对齐方式】组中，对齐按钮的分布及名称如下图所示，单击对应按钮可执行相应设置，具体操作步骤如下。

第1步 单击【全选】按钮，选定整个工作表，如下图所示。

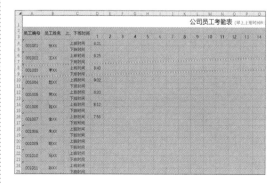

第2步 单击【开始】选项卡下【对齐方式】组中的【居中】按钮，由于公司员工考勤表进行过【合并后居中】操作，因此这时公司员工考勤表会首先取消居中显示，如下图所示。

第3步 再次单击【开始】选项卡下【对齐方式】组中的【居中】按钮，公司员工考勤表中的数据会全部居中显示，如下图所示。

| 提示 |

默认情况下，单元格的文本是左对齐，数字是右对齐。

4.6.3 设置边框和背景

在 Excel 2021 中，单元格四周的灰色网格线默认是不打印出来的。为了使公司员工考勤表更加规范、美观，可以为表格设置边框和背景。设置边框和背景主要有以下两种方法。

1. 使用【字体】组

第1步 选中要添加边框和背景的 A1:AH43 单元格区域，单击【开始】选项卡下【字体】组中的【边框】下拉按钮 ，在弹出的下拉列表中选择【所有框线】选项，如下图所示。

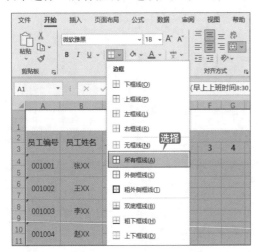

第2步 即可为表格添加边框效果，如下图所示。

第3步 单击【开始】选项卡下【字体】组中的【填充颜色】下拉按钮 ，在弹出的下拉列表中选择任意一个颜色，如下图所示。

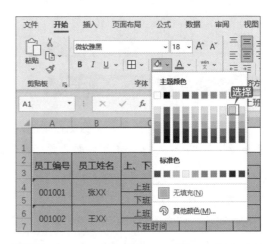

第4步 公司员工考勤表设置边框和背景后的效果如下图所示。

重复上面的步骤，在【边框】下拉列表中选择【无框线】选项，取消上面步骤中添加的框线，如下图所示。

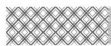

在【填充颜色】下拉列表中选择【无填充】选项,取消公司员工考勤表中的背景颜色,如下图所示。

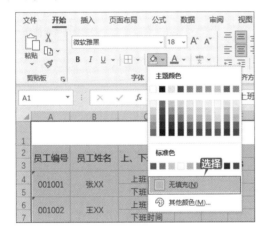

2. 使用【设置单元格格式】对话框

使用【设置单元格格式】对话框也可以设置表格的边框和背景,具体操作步骤如下。

第1步 选中 A1:AH43 单元格区域,单击【开始】选项卡下【单元格】组中的【格式】按钮 格式，在弹出的下拉列表中选择【设置单元格格式】选项,如下图所示。

第2步 弹出【设置单元格格式】对话框,在【边框】选项卡下【样式】列表框中选择一种样式,然后在【颜色】下拉列表中选择一种颜色,在【预置】选项区域中选择【外边框】和【内部】选项,如下图所示。

第3步 选择【填充】选项卡,在【背景色】选项区域中选择一种颜色可以填充单色背景。这里设置双色背景,单击【填充效果】按钮,如下图所示。

第4步 弹出【填充效果】对话框，单击【渐变】选项卡下【颜色】选项区域中的【颜色2】下拉按钮，在弹出的下拉列表中选择【橙色，个性色2，淡色80%】选项，如下图所示。

第5步 单击【确定】按钮，如下图所示。

第6步 返回【设置单元格格式】对话框，单击【确定】按钮，如下图所示。

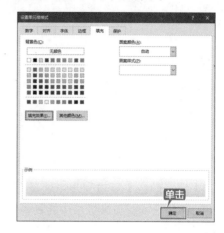

第7步 返回公司员工考勤表中，即可看到设置边框和背景后的效果，如下图所示。

4.7 使用样式美化工作表

设置条件格式是指用区别于一般单元格的样式来表示迟到、早退时间所在的单元格，可以方便、快速地在公司员工考勤表中查看需要的信息。

4.7.1 重点：设置单元格样式

单元格样式是一组已定义的格式特征，使用 Excel 2021 中的内置单元格样式可以快速改变文本样式、标题样式、背景样式和数字样式等。在公司员工考勤表中设置单元格样式的具体操作步骤如下。

第1步 选中 A1:AH43 单元格区域，单击【开始】选项卡下【样式】组中的【单元格样式】按钮 ，在弹出的下拉列表中选择【20%- 着色 2】选项，如下图所示。

第2步 设置完成后，效果如下图所示。

第3步 如果对效果不满意，可以再次设置边框背景与文字格式，效果如下图所示。

4.7.2 套用表格格式

Excel 预置有 60 种常用的表格格式，用户可以自动地套用这些预先定义好的格式，以提高工作效率，具体操作步骤如下。

第1步 选中要套用格式的 A2:C43 和 D3:AH43 单元格区域，单击【开始】选项卡下【样式】组中的【套用表格格式】按钮 ，在弹出的下拉列表中选择【浅色】选项组中的【表样式浅色 9】选项，如下图所示。

第2步 弹出【套用表格格式】对话框，选中【表包含标题】复选框，单击【确定】按钮，如下图所示。

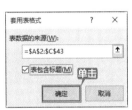

第3步 套用该浅色样式后，效果如下图所示。

第4步 在此样式中单击任意一个单元格，功

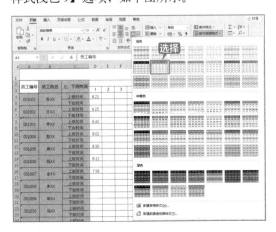

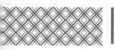

能区就会出现【表设计】选项卡，单击【表格样式】组中的【其他】按钮，在弹出的下拉列表中选择一种样式，即可完成更改表格样式的操作，如下图所示。

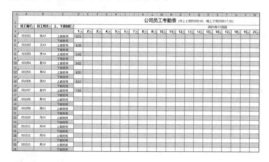

第5步 选中表格中的任意单元格，单击【表设计】选项卡下【工具】组中的【转换为区域】按钮，如下图所示。

第6步 弹出【Microsoft Excel】提示框，单击【是】按钮，如下图所示。

第7步 即可结束标题栏的筛选状态，把表格转换为区域，如下图所示。

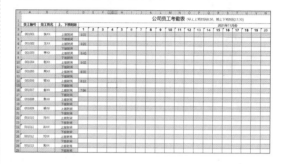

4.7.3 设置条件格式

在 Excel 2021 中可以使用条件格式，使公司员工考勤表中符合条件的数据突出显示，让公司员工对自己的迟到次数和时间等一目了然。对一个单元格区域设置条件格式的具体操作步骤如下。

第1步 选中要设置条件格式的 D4:AH43 单元格区域，单击【开始】选项卡下【样式】组中的【条件格式】按钮，在弹出的下拉列表中选择【突出显示单元格规则】→【介于】选项，如下图所示。

第2步 弹出【介于】对话框，在两个文本框中分别输入"8:30"与"17:30"，在【设置为】下拉列表中选择【绿填充色深绿色文本】

选项，单击【确定】按钮，如下图所示。

第3步 介于"8:30"与"17:30"之间的数字会突出显示，效果如下图所示。

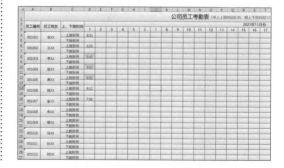

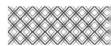

| 提示 |

在【条件格式】下拉列表中选择【新建规则】选项，弹出【新建格式规则】对话框，在该对话框中可以根据需要来设定条件规则。

设定条件格式后，可以管理和清除设置的条件格式。

选择设置条件格式的区域，单击【开始】选项卡下【样式】组中的【条件格式】按钮 条件格式▾，在弹出的下拉列表中选择【清除规则】→【清除所选单元格的规则】选项，即可清除所选区域中的条件规则，如右图所示。

4.8 保存工作簿

保存与共享公司员工考勤表，可以使公司员工之间保持同步工作进程，提高工作效率。

4.8.1 保存考勤表

保存公司员工考勤表到计算机硬盘中，防止资料丢失，具体操作步骤如下。

第1步 选择【文件】选项卡，在弹出的界面左侧选择【另存为】选项，在右侧的【另存为】选项区域中选择【这台电脑】选项，单击【浏览】按钮，如下图所示。

第2步 在弹出的【另存为】对话框中选择文件要保存的位置，并在【文件名】文本框中输入"公司员工考勤表"，单击【保存】按钮，即可保存考勤表，如下图所示。

4.8.2 另存为其他兼容格式

将 Excel 工作簿另存为其他兼容格式，可以方便不同用户阅读，具体操作步骤如下。

第1步 选择【文件】选项卡，在弹出的界面左侧选择【另存为】选项，在右侧的【另存为】选项区域中选择【这台电脑】选项，单击【浏览】按钮，如下图所示。

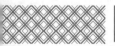

第2步 在弹出的【另存为】对话框中选择文件要保存的位置，并在【文件名】文本框中输入"公司员工考勤表"，如下图所示。

第3步 单击【保存类型】右侧的下拉按钮，在弹出的下拉列表中选择【PDF(*.pdf)】选项，如下图所示。

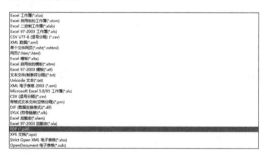

第4步 单击【选项】按钮，如下图所示。

第5步 弹出【选项】对话框，选中【发布内容】选项区域中的【整个工作簿】单选按钮，然后单击【确定】按钮，如下图所示。

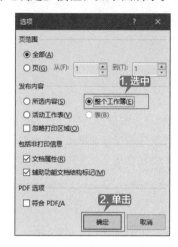

第6步 返回【另存为】对话框，单击【保存】按钮，如下图所示。

第7步 即可把公司员工考勤表另存为 PDF 格式，如下图所示。

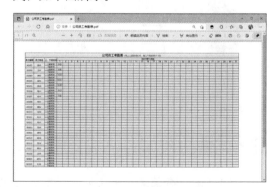

制作工作计划进度表

与公司员工考勤表类似的表格还有工作计划进度表、包装材料采购明细表、成绩表、汇总表等。制作这类表格时，要做到数据准确、重点突出、分类简洁，使读者快速明了表格信息，方便读者对表格进行编辑操作。下面以制作工作计划进度表为例进行介绍，其制作思路如下。

1. 创建空白工作簿

新建空白工作簿，重命名工作表并设置工作表标签的颜色等，如下图所示。

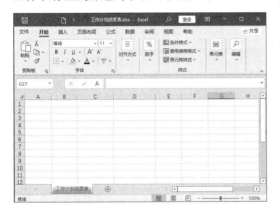

2. 输入数据

输入工作计划进度表中的各种数据，并对数据列进行填充，合并单元格并调整行高与列宽，如下图所示。

3. 文本段落格式化

设置工作簿中文本的字体样式和段落样式，如下图所示。

4. 设置边框和背景

在工作计划进度表中，根据需要设置边框和背景，如下图所示。

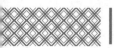

◇ 新功能：在 Excel 中创建自定义视图

Excel 2021 提供了自定义视图功能，可以保存特定显示设置（如隐藏的行和列、单元格选择、筛选设置和窗口设置）及打印设置（如页面设置、页边距、页眉和页脚及工作表的设置）等，以便根据需要快速将这些设置应用于该工作表。

可以为每个工作表创建多个自定义视图，但只能将自定义视图应用于该工作表。如果不再需要自定义视图，可以将其删除。

创建自定义视图的具体操作步骤如下。

第1步 打开"素材 \ch04\ 自定义视图 .xlsx"文件，选择工作表中的第 1 行数据并右击，在弹出的快捷菜单中选择【隐藏】选项，如下图所示。

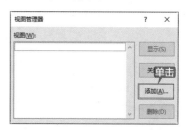

第2步 隐藏第 1 行数据后，单击【视图】选项卡下【工作簿视图】组中的【自定义视图】按钮 ，如下图所示。

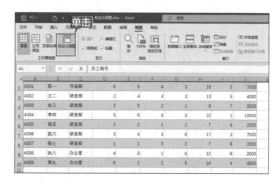

第3步 弹出【视图管理器】对话框，单击【添加】按钮，如下图所示。

第4步 弹出【添加视图】对话框，在【名称】文本框中输入"隐藏标题行"，单击【确定】按钮，如下图所示。

第5步 选择第 2 行数据并右击，在弹出的快捷菜单中选择【取消隐藏】选项，如下图所示。

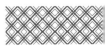

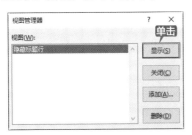

第6步 重新显示第 1 行数据，单击【视图】选项卡下【工作簿视图】组中的【自定义视图】按钮，如下图所示。

第7步 弹出【视图管理器】对话框，在【视图】列表框中选择自定义的视图"隐藏标题行"，单击【显示】按钮，如下图所示。

> **提示**
>
> 选择自定义的视图名称，单击【删除】按钮，即可将自定义的视图删除。

第8步 按自定义视图显示后的效果如下图所示。

◇ 将单元格区域粘贴为图片

在 Excel 中可以将选择的单元格区域粘贴为图片格式，便于其他没有安装 Office 的用户查看内容，具体操作步骤如下。

第1步 在制作完成的"工作计划进度表 .xlsx"文件中选中 A1:K17 单元格区域，按【Ctrl+C】组合键复制，如下图所示。

第2步 单击【开始】选项卡下【剪贴板】组中的【粘贴】按钮，在弹出的下拉列表中选择【图片】选项，如下图所示。

第3步 即可将选择的单元格区域粘贴为图片，如下图所示。

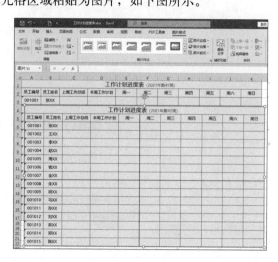

第 5 章
初级数据处理与分析

📄 **本章导读**

在工作中，经常对各种类型的数据进行处理和分析。Excel 具有处理与分析数据的能力，设置数据的有效性可以防止输入错误数据；使用排序功能可以将数据表中的内容按照特定的规则排序；使用筛选功能可以将满足用户条件的数据单独显示；使用条件格式功能可以直观地突出重要值；使用合并计算和分类汇总功能可以对数据进行分类或汇总。本章以统计商品库存明细表为例，介绍使用 Excel 处理和分析数据的操作。

🔹 **思维导图**

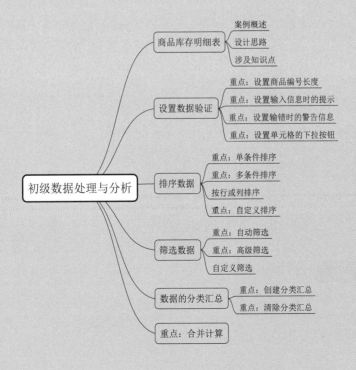

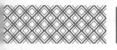

 5.1 商品库存明细表

商品库存明细表是一个公司或单位进出物品的详细统计清单，记录着一段时间内物品的消耗和剩余状况，对下一阶段相应商品的采购和使用计划有很重要的参考作用。商品库存明细表类目众多，手动统计不仅费时费力，而且容易出错，使用 Excel 则可以快速对这类工作表进行分析统计，得出详细而准确的数据。

5.1.1 案例概述

完整的商品库存明细表主要包括商品名称、商品数量、库存、结余等，需要对商品库存的各个类目进行统计和分析。在对数据进行统计分析的过程中，需要用到排序、筛选、分类汇总等操作。熟悉各个类型的操作，对以后处理相似数据有很大帮助。

打开"素材\ch05\商品库存明细表.xlsx"文件。

"商品库存明细表"工作簿包含 3 个工作表，分别是"商品库存明细表"工作表、"部门一预计购买量"工作表和"部门二预计购买量"工作表。其中，"商品库存明细表"工作表主要记录了商品的基本信息和使用情况，如下图所示。

"部门一预计购买量"工作表除了简单记录了商品基本信息，还记录了部门一的"次月预计购买数量"和"次月预计出库数量"，如下图所示。

"部门二预计购买量"工作表则记录了部门二的"次月预计购买数量"和"次月预计出库数量"，如下图所示。

5.1.2 设计思路

对商品库存明细表的处理和分析可以通过以下思路进行。
① 设置商品编号和单位的数据验证。

② 通过对商品排序进行分析处理。

③ 通过筛选的方法对库存和使用状况进行分析。

④ 使用分类汇总操作对商品使用情况进行分析。

⑤ 使用合并计算操作将两个工作表中的数据进行合并。

5.1.3 涉及知识点

本案例主要涉及以下知识点。

① 设置数据验证。

② 排序操作。

③ 筛选数据。

④ 分类汇总。

⑤ 合并计算。

5.2 设置数据验证

在制作商品库存明细表的过程中，对数据的类型和格式会有严格要求，因此需要在输入数据时对数据的有效性进行验证。

5.2.1 重点：设置商品编号长度

商品库存明细表需要对商品进行编号，以便更好地进行统计。编号的长度是固定的，因此需要对输入数据的长度进行限制，以避免输入错误的数据，具体操作步骤如下。

第1步 选中"商品库存明细表"工作表中的 B3:B22 单元格区域，如下图所示。

第2步 单击【数据】选项卡下【数据工具】组中的【数据验证】按钮，如下图所示。

第3步 弹出【数据验证】对话框，在【设置】选项卡下单击【验证条件】选项区域中的【允许】下拉按钮，在弹出的下拉列表中选择【文本长度】选项，如下图所示。

· 115 ·

第4步 【数据】文本框变为可编辑状态，在【数据】下拉列表中选择【等于】选项，在【长度】文本框中输入"6"，选中【忽略空值】复选框，单击【确定】按钮，如下图所示。

第5步 完成设置输入数据长度的操作后，当输入的文本长度不是6时，系统会弹出下图所示的提示框。

5.2.2 重点：设置输入信息时的提示

完成对单元格输入数据的长度限制设置后，可以设置输入信息时的提示信息，具体操作步骤如下。

第1步 选中B3:B22单元格区域，单击【数据】选项卡下【数据工具】组中的【数据验证】按钮，如下图所示。

第2步 弹出【数据验证】对话框，在【输入信息】选项卡下选中【选定单元格时显示输入信息】复选框，在【标题】文本框中输入"请输入商品编号"，在【输入信息】文本框中输入"商品编号长度为6位，请正确输入！"，单击【确定】按钮，如下图所示。

第3步 返回 Excel 工作表中，选中设置了提示信息的单元格时，即可显示提示信息，效果如下图所示。

5.2.3 重点：设置输错时的警告信息

当用户输入错误的数据时，可以设置警告信息提示用户，具体操作步骤如下。

第1步 选中 B3:B22 单元格区域，单击【数据】选项卡下【数据工具】组中的【数据验证】按钮，如下图所示。

第2步 弹出【数据验证】对话框，在【出错警告】选项卡下选中【输入无效数据时显示出错警告】复选框，在【样式】下拉列表中选择【停止】选项，在【标题】文本框中输入"输入错误"，在【错误信息】文本框中输入"请输入正确的商品编号"，单击【确定】按钮，如下图所示。

第3步 在 B3 单元格中输入错误数据，如输入"11"，就会弹出设置的警告信息，如下图所示。

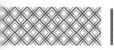

第4步 设置完成后，在 B3 单元格中输入"MN0001"，按【Enter】键确认，即可完成输入，如下图所示。

第5步 使用快速填充功能填充 B4:B22 单元格区域，效果如下图所示。

序号	商品编号	商品名称	单位	上月结余	本月入库
					商品库存明细表
1	MN0001	笔筒		25	30
2	MN0002	大头针		85	25
3	MN0003	档案袋		52	240
4	MN0004	订书机		12	10
5	MN0005	复写纸		52	20
6	MN0006	复印纸		206	100
7	MN0007	钢笔		62	110
8	MN0008	回形针		69	25
9	MN0009	计算器		45	65
10	MN0010	胶带		29	31
11	MN0011	胶水		30	20
12	MN0012	毛笔		12	20
13	MN0013	起钉器		6	20
14	MN0014	铅笔		112	210
15	MN0015	签字笔		86	360
16	MN0016	文件袋		59	160
17	MN0017	文件夹		48	60
18	MN0018	小刀		54	40
19	MN0019	荧光笔		34	80
20	MN0020	直尺		36	40

商品库存明细表　部门一预计购买量　部门二预计购买量

5.2.4 重点：设置单元格的下拉按钮

假如单元格中需要输入类似单位这样的特定字符时，可以将其设置为下拉选项以方便输入，具体操作步骤如下。

第1步 选中 D3:D22 单元格区域，单击【数据】选项卡下【数据工具】组中的【数据验证】按钮，如下图所示。

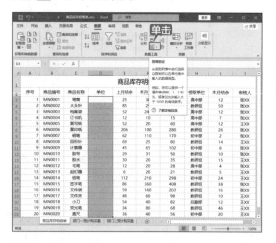

第2步 弹出【数据验证】对话框，在【设置】选项卡下单击【验证条件】选项区域中的【允许】下拉按钮，在弹出的下拉列表中选择【序列】选项，如下图所示。

第3步 激活【来源】文本框，在文本框中输入"个，盒，包，支，卷，瓶，把"，同时选中【忽略空值】和【提供下拉箭头】复选框，如下图所示。

第 4 步 设置单元格区域的提示信息，在【输入信息】选项卡下的【标题】文本框中输入"在下拉列表中选择"，在【输入信息】文本框中输入"请在下拉列表中选择商品的单位！"，如下图所示。

第 5 步 设置单元格的出错警告信息，在【出错警告】选项卡下的【标题】文本框中输入"输入有误"，在【错误信息】文本框中输入"请到下拉列表中选择！"，单击【确定】按钮，如下图所示。

第 6 步 即可在"单位"列的单元格后显示下拉按钮，单击下拉按钮，即可在下拉列表中选择特定的单位，效果如下图所示。

第 7 步 使用同样的方法，在 D4:D22 单元格区域中选择商品单位，如下图所示。

5.3 排序数据

在对商品库存明细表中的数据进行统计时，需要对数据进行排序，以便更好地对数据进行分析和处理。

5.3.1 重点：单条件排序

Excel 可以根据某个条件对数据进行排序，如在商品库存明细表中对入库数量的多少进行排序，具体操作步骤如下。

第 1 步 选中数据区域中的任意单元格，单击【数据】选项卡下【排序和筛选】组中的【排序】

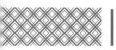

按钮 📊，如下图所示。

第2步 弹出【排序】对话框,设置【主要关键字】为【本月入库】、【排序依据】为【单元格值】、【次序】为【升序】,选中【数据包含标题】复选框,单击【确定】按钮,如下图所示。

第3步 即可将数据以入库数量为依据进行从小到大的排序,效果如下图所示。

5.3.2 重点: 多条件排序

如果在对各个部门进行排序的同时,也要对各个部门内部商品的本月结余情况进行比较,可以使用多条件排序,具体操作步骤如下。

第1步 选择"商品库存明细表"工作表,选中数据区域中的任意单元格,单击【数据】选项卡下【排序和筛选】组中的【排序】按钮 📊,如下图所示。

商品库存明细表

序号	商品编号	商品名称	单位	上月结余	本月入库	本月出库
4	MN0004	订书机	个	12	10	15
5	MN0005	复写纸	包	52	20	60
11	MN0011	胶水	个	30	20	35
12	MN0012	毛笔	支	12	20	28
13	MN0013	起订器	个	6	20	21
2	MN0002	大头针	盒	85	25	60
8	MN0008	回形针	个	69	25	80
1	MN0001	笔筒	个	25	30	43
10	MN0010	胶带	卷	29	31	50
18	MN0018	小刀	个	54	40	82
20	MN0020	直尺	个	36	40	56
17	MN0017	文件夹	个	48	60	98
9	MN0009	计算器	个	45	65	102
19	MN0019	荧光笔	支	34	80	68
6	MN0006	复印纸	包	206	100	280
7	MN0007	钢笔	支	62	110	170
16	MN0016	文件袋	个	59	160	203
14	MN0014	铅笔	支	112	210	298
3	MN0003	档案袋	个	52	240	280
15	MN0015	签字笔	支	86	360	408

|提示|

Excel 默认是根据单元格中的数据进行排序的。在按升序排序时,Excel 使用如下的顺序。

① 数值从最小的负数到最大的正数排序。
② 文本按 A ~ Z 的顺序排序。
③ 逻辑值 False 在前, True 在后。
④ 空格排在最后。

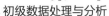

序】，单击【确定】按钮，如下图所示。

第4步 即可对工作表进行排序，效果如下图所示。

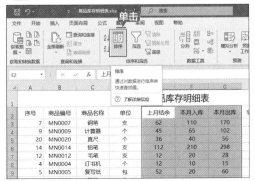

提示

在多条件排序中，数据区域按主要关键字排列，主要关键字相同的按次要关键字排列，如果次要关键字也相同，则按第三关键字排列。

第2步 弹出【排序】对话框，设置【主要关键字】为【领取单位】、【排序依据】为【单元格值】、【次序】为【升序】，单击【添加条件】按钮，如下图所示。

第3步 设置【次要关键字】为【本月结余】、【排序依据】为【单元格值】、【次序】为【升

5.3.3 按行或列排序

如果需要对商品库存明细表进行按行或按列的排序，就可以通过排序功能实现，具体操作步骤如下。

第1步 选中 E2:G22 单元格区域，单击【数据】选项卡下【排序和筛选】组中的【排序】按钮，如下图所示。

第2步 弹出【排序】对话框，单击【选项】按钮，如下图所示。

第3步 弹出【排序选项】对话框，在【方向】选项区域中选中【按行排序】单选按钮，单击【确定】按钮，如下图所示。

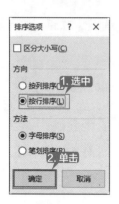

第5步 即可将工作表数据根据设置进行排序，效果如下图所示。

第4步 返回【排序】对话框，设置【主要关键字】为【行2】、【排序依据】为【单元格值】、【次序】为【升序】，单击【确定】按钮，如下图所示。

5.3.4 重点：自定义排序

如果需要按商品的单位进行一定顺序的排列，那么可以将商品的名称自定义为排序序列，具体操作步骤如下。

第1步 选中数据区域中的任意单元格，如下图所示。

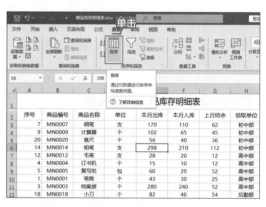

第2步 单击【数据】选项卡下【排序和筛选】组中的【排序】按钮，如下图所示。

第3步 弹出【排序】对话框，设置【主要关键字】为【单位】，选择【次序】下拉列表中的【自定义序列】选项，如下图所示。

第4步 弹出【自定义序列】对话框，在【自定义序列】选项卡下的【输入序列】文本框

中输入"个、盒、包、支、卷、瓶、把",
每输入一个条目后按【Enter】键分隔条目,
输入完成后,单击【确定】按钮,如下图所示。

第6步 即可将数据按照自定义的序列进行排
序,效果如下图所示。

第5步 即可在【排序】对话框中看到自定义
的次序,单击【确定】按钮,如下图所示。

5.4 筛选数据

在对商品库存明细表的数据进行处理时,如果需要查看一些特定的数据,可以使用数据筛
选功能筛选出需要的数据。

5.4.1 重点: 自动筛选

通过自动筛选功能,可以筛选出符合条件的数据。自动筛选包括单条件筛选和多条件筛选。

1. 单条件筛选

单条件筛选就是将符合一个条件的数据筛选出来。例如,筛选出商品库存明细表中与初中
部有关的商品,具体操作步骤如下。

第1步 选中数据区域中的任意单元格,如下
图所示。

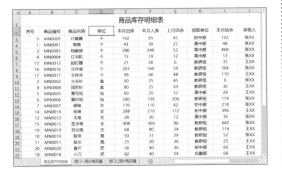

第2步 单击【数据】选项卡下【排序和筛选】
组中的【筛选】按钮,如下图所示。

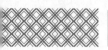

Office 2021 办公应用 从入门到精通

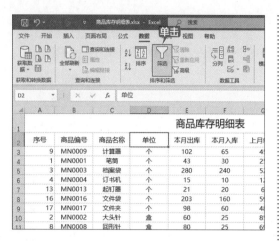

第3步 工作表自动进入筛选状态，每列的标题右侧出现一个下拉按钮，单击 H2 单元格的下拉按钮，如下图所示。

第4步 在弹出的下拉列表中选中【初中部】复选框，单击【确定】按钮，如下图所示。

第5步 即可将与初中部有关的商品筛选出来，效果如下图所示。

2. 多条件筛选

多条件筛选就是将符合多个条件的数据筛选出来。例如，显示商品库存明细表中档案袋和回形针的使用情况，具体操作步骤如下。

第1步 选中数据区域中的任意单元格，如下图所示。

第2步 单击【数据】选项卡下【排序和筛选】组中的【筛选】按钮，如下图所示。

第3步 工作表自动进入筛选状态，每列的标题右侧出现一个下拉按钮🔽，单击 C2 单元格的下拉按钮🔽，如下图所示。

第4步 在弹出的下拉列表中选中【档案袋】和【回形针】复选框，单击【确定】按钮，如下图所示。

第5步 即可筛选出与档案袋和回形针有关的所有数据，如下图所示。

5.4.2 重点：高级筛选

如果要将商品库存明细表中张 ×× 审核的商品名称单独筛选出来，可以使用高级筛选功能设置多个复杂筛选条件来实现，具体操作步骤如下。

第1步 在 I25 和 I26 单元格中分别输入"审核人"和"张 ××"，在 J25 单元格中输入"商品名称"，如下图所示。

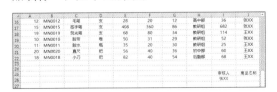

第2步 选中数据区域中的任意单元格，单击【数据】选项卡下【排序和筛选】组中的【高级】按钮 高级，如下图所示。

第3步 弹出【高级筛选】对话框，在【方式】选项区域中选中【将筛选结果复制到其他位置】单选按钮，在【列表区域】文本框中输入"$A$2:$J$22"，在【条件区域】文本框中输入"商品库存明细表 !$I$25:$I$26"，在【复制到】文本框中输入"商品库存明细表 !$J$25"，选中【选择不重复的记录】复选框，单击【确定】按钮，如下图所示。

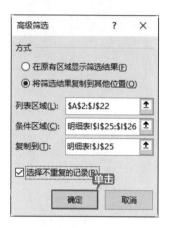

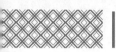

第4步 即可将商品库存明细表中张××审核的商品名称单独筛选出来并复制到指定区域，效果如下图所示。

> **提示**
>
> 输入的筛选条件文字需要与数据表中的文字保持一致。

5.4.3 自定义筛选

自定义筛选的具体操作步骤如下。

第1步 选中数据区域中的任意单元格，如下图所示。

第2步 单击【数据】选项卡下【排序和筛选】组中的【筛选】按钮，如下图所示。

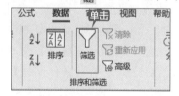

第3步 即可进入筛选模式，单击【本月入库】下拉按钮，在弹出的下拉列表中选择【数字筛选】→【介于】选项，如下图所示。

第4步 弹出【自定义自动筛选方式】对话框，在【显示行】选项区域中上方左侧下拉列表中选择【大于或等于】选项，对应的右侧数值设置为【20】，选中【与】单选按钮，在下方左侧下拉列表中选择【小于或等于】选项，对应的右侧数值设置为【31】，单击【确定】按钮，如下图所示。

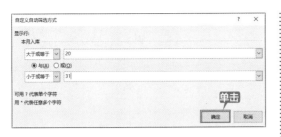

第 5 步 即可将本月入库量在 20 ～ 31 之间的商品筛选出来，效果如下图所示。

5.5 数据的分类汇总

商品库存明细表需要对不同的商品进行分类汇总，使工作表更加有条理，有利于数据的分析和处理。

5.5.1 重点：创建分类汇总

将商品根据领取单位对本月结余情况进行分类汇总，具体操作步骤如下。

第 1 步 选中"领取单位"列中的任意单元格，如下图所示。

第 2 步 单击【数据】选项卡下【排序和筛选】组中的【升序】按钮，如下图所示。

第 3 步 即可将数据以领取单位为依据进行升序排序，效果如下图所示。

第 4 步 单击【数据】选项卡下【分级显示】组中的【分类汇总】按钮，如下图所示。

第 5 步 弹出【分类汇总】对话框，设置【分类字段】为【领取单位】、【汇总方式】为【求和】，在【选定汇总项】列表框中选中【本月结余】复选框，其余保持默认值，单击【确定】按钮，如下图所示。

第6步 即可对工作表以"领取单位"为类别、以"本月结余"为汇总项进行分类汇总，结果如下图所示。

> **提示**
>
> 在进行分类汇总之前，需要对分类字段进行排序，使其符合分类汇总的条件，以达到最佳的效果。

5.5.2 重点：清除分类汇总

如果不再需要对数据进行分类汇总，可以选择清除分类汇总，具体操作步骤如下。

第1步 接 5.5.1 小节的操作，选中数据区域中的任意单元格，如下图所示。

第2步 单击【数据】选项卡下【分级显示】组中的【分类汇总】按钮 ，在弹出的【分类汇总】对话框中单击【全部删除】按钮，如下图所示。

第3步 即可将分类汇总全部删除，效果如下图所示。

 重点：合并计算

合并计算可以将多个工作表中的数据合并在一个工作表中，以便能够对数据进行更新和汇总。在商品库存明细表中，可以将"部门一预计购买量"工作表和"部门二预计购买量"工作表的内容汇总在一个工作表中，具体操作步骤如下。

第 1 步 选择"部门一预计购买量"工作表，选中 E1:F21 单元格区域，如下图所示。

第 2 步 单击【公式】选项卡下【定义的名称】组中的【定义名称】按钮 ✍ 定义名称 ✓，如下图所示。

第 3 步 弹出【新建名称】对话框，在【名称】文本框中输入"表 1"，单击【确定】按钮，如下图所示。

第 4 步 选择"部门二预计购买量"工作表，选中 E1:F21 单元格区域，单击【公式】选项卡下【定义的名称】组中的【定义名称】

按钮 ✍ 定义名称 ✓，如下图所示。

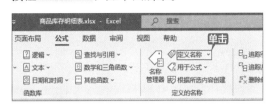

第 5 步 弹出【新建名称】对话框，在【名称】文本框中输入"表 2"，单击【确定】按钮，如下图所示。

| 提示 |

除了使用上述方式，还可以在工作表名称框中直接为单元格区域命名。

第 6 步 在"商品库存明细表"工作表中选中 K2 单元格，单击【数据】选项卡下【数据工具】组中的【合并计算】按钮 ⅰ，如下图所示。

第 7 步 弹出【合并计算】对话框，在【函数】下拉列表中选择【求和】选项，在【引用位置】文本框中分别输入"表 1""表 2"，单击【添加】按钮，选中【标签位置】选项区域中的【首行】复选框，单击【确定】按钮，如下图所示。

第8步 即可将表1和表2合并在"商品库存明细表"工作表中，效果如下图所示。

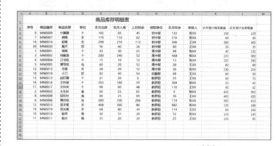

分析与汇总商品销售数据表

商品销售数据表记录着一个阶段内各个种类商品的销售情况，通过对商品销售数据的分析，可以找出在销售过程中存在的问题。分析与汇总商品销售数据表的思路如下。

1. 设置数据验证

设置商品编号的数据验证，完成编号的输入，如下图所示。

3. 筛选数据

根据需要筛选出满足需要的数据，如下图所示。

2. 排序数据

根据需要按照销售数量、销售金额等对表格中的数据进行排序，如下图所示。

4. 对数据进行分类汇总

根据需要对商品的种类进行分类汇总，如下图所示。

◇ 让表中序号不参与排序

在对数据进行排序的过程中，某些情况下并不需要对序号进行排序，这时可以使用下面的方法，具体操作步骤如下。

第1步 打开"素材 \ch05\ 英语成绩表 .xlsx"文件，如下图所示。

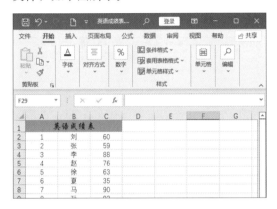

第2步 选中 B2:C13 单元格区域，单击【数据】选项卡下【排序和筛选】组中的【排序】按钮 ，如下图所示。

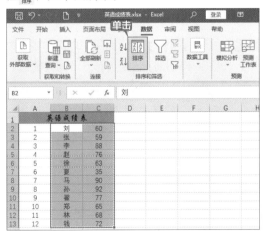

第3步 弹出【排序】对话框,设置【主要关键字】为【列 C】、【排序依据】为【单元格值】、【次序】为【降序】，单击【确定】按钮，如下图所示。

第4步 即可将英语成绩表进行以成绩为依据的从高到低的排序，而序号不参与排序，效果如下图所示。

A	B	C	D
	英语成绩表		
1	孙	92	
2	马	90	
3	李	88	
4	翟	77	
5	赵	76	
6	钱	72	
7	林	68	
8	郑	65	
9	徐	63	
10	刘	60	
11	张	59	
12	夏	35	

提示

若在排序之前选中数据区域，则只对数据区域中的数据进行排序。

◇ 通过筛选删除空白行

对于不连续的多个空白行，可以使用筛选功能的快速删除功能，具体操作步骤如下。

第1步 打开"素材 \ch05\ 删除空白行 .xlsx"文件，如下图所示。

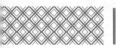
第2步 选中 A1:A10 单元格区域，单击【数据】选项卡下【排序和筛选】组中的【筛选】按钮，如下图所示。

第3步 单击 A1 单元格右侧的下拉按钮▼，在弹出的下拉列表中选中【空白】复选框，单击【确定】按钮，如下图所示。

第4步 即可将 A1:A10 单元格区域中的空白行选中，如下图所示。

第5步 选中筛选出的空白行并右击，在弹出的快捷菜单中选择【删除行】选项，如下图所示。

第6步 将筛选出的空白行删除，再次单击【数据】选项卡下【排序和筛选】组中的【筛选】按钮，即可结束筛选状态，效果如下图所示。

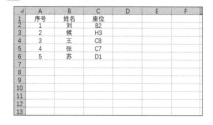

◇ 筛选多个表格的重复值

使用下面的方法可以快速在多个工作表中找重复值，节省处理数据的时间，具体操作步骤如下。

第1步 打开"素材 \ch05\ 查找重复值 .xlsx"
文件，如下图所示。

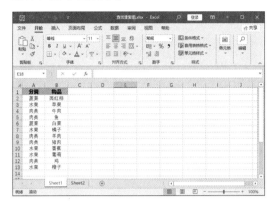

第2步 单击【数据】选项卡下【排序和筛选】
组中的【高级】按钮 高级，如下图所示。

第3步 在弹出的【高级筛选】对话框中选
中【将筛选结果复制到其他位置】单选按
钮，在【列表区域】文本框中输入"Sheet1!
$A$1:$B$13"，在【条件区域】文本框中输
入"Sheet2!$A$1:$B$13"，在【复制到】
文本框中输入"Sheet1!$F$3"，选中【选择
不重复的记录】复选框，单击【确定】按钮，
如下图所示。

第4步 即可将两个工作表中的重复数据复制
到指定区域，效果如下图所示。

◇ **把相同项合并为单元格**

在制作工作表时，将相同的表格进行合
并可以使工作表更加简洁明了。快速实现合
并的具体操作步骤如下。

（1）分类汇总单元格

第1步 打开"素材 \ch05\ 分类清单 .xlsx"
文件，如下图所示。

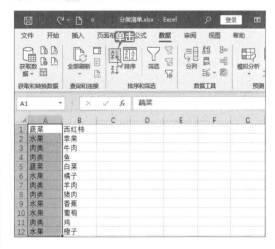

第2步 选中数据区域中的 A 列单元格，单击
【数据】选项卡下【排序和筛选】组中的【升
序】按钮，如下图所示。

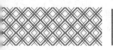

第3步 在弹出的【排序提醒】对话框中选中【扩展选定区域】单选按钮，单击【排序】按钮，如下图所示。

第4步 即可对数据进行以 A 列为依据的升序排序，A 列相同名称的单元格将会连续显示，效果如下图所示。

第5步 选中 A 列，单击【数据】选项卡下【分级显示】组中的【分类汇总】按钮，如下图所示。

第6步 在弹出的【Microsoft Excel】提示框中单击【确定】按钮，如下图所示。

第7步 弹出【分类汇总】对话框，在【分类字段】下拉列表中选择【肉类】选项，在【汇总方式】下拉列表中选择【计数】选项，在【选定汇总项】列表框中选中【肉类】复选框，再选中【汇总结果显示在数据下方】复选框，单击【确定】

按钮，如下图所示。

第8步 即可对 A 列进行分类汇总，效果如下图所示。

（2）对定位的单元格进行合并居中

第1步 单击【开始】选项卡下【编辑】组中的【查找和选择】按钮，在弹出的下拉列表中选择【定位条件】选项，如下图所示。

第2步 弹出【定位条件】对话框，选中【空值】单选按钮，单击【确定】按钮，如下图所示。

第3步 即可选中 A 列所有空值，单击【开始】选项卡下【对齐方式】组中的【合并后居中】按钮 ，如下图所示。

第4步 即可对定位的单元格进行合并居中的操作，效果如下图所示。

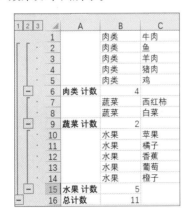

（3）删除分类汇总

第1步 选中 B 列，单击【数据】选项卡下【分级显示】组中的【分类汇总】按钮 分类汇总，如下图所示。

第2步 确认提示框信息之后弹出【分类汇总】对话框，在【分类字段】下拉列表中选择【肉类】选项，在【汇总方式】下拉列表中选择【计数】选项，在【选定汇总项】列表框中选中【肉类】复选框，取消选中【汇总结果显示在数据下方】复选框，单击【全部删除】按钮，如下图所示。

第3步 弹出【Microsoft Excel】的提示框，单击【确定】按钮，如下图所示。

第4步 删除分类汇总后的效果如下图所示。

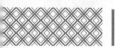

（4）使用格式刷复制格式

第1步 选中 A 列，单击【开始】选项卡下【剪贴板】组中的【格式刷】按钮 ❖，如下图所示。

第2步 单击 B 列，B 列即可复制 A 列格式，然后删除 A 列，最终效果如下图所示。

	A	B	C
1		牛肉	
2		鱼	
3	肉类	羊肉	
4		猪肉	
5		鸡	
6	蔬菜	西红柿	
7		白菜	
8		苹果	
9		橘子	
10	水果	香蕉	
11		葡萄	
12		橙子	
13			
14			

第6章

中级数据处理与分析——图表和透视表的应用

⊟ 本章导读

在 Excel 中使用图表不仅能使数据的统计结果更直观、更形象,还能清晰地反映数据的变化规律和发展趋势。使用图表可以制作产品统计分析表、预算分析表、工资分析表、成绩分析表等。本章主要介绍创建图表、图表的设置和调整、添加图表元素及创建数据透视表和数据透视图等。

◉ 思维导图

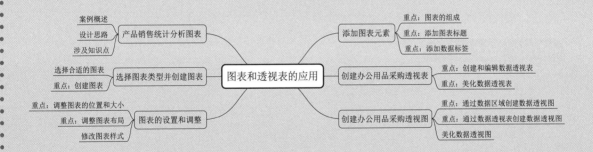

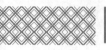

6.1 产品销售统计分析图表

制作产品销售统计分析图表时，表格内的数据类型格式要一致，选择的图表类型要能恰当地反映数据的变化趋势。

6.1.1 案例概述

数据分析是指用适当的统计分析方法对收集的大量数据进行分析，提取有用信息并形成结论的过程。Excel 作为常用的分析工具，可以实现基本的数据分析工作。在 Excel 中使用图表可以清楚地表达数据的变化关系，并且可以分析数据的规律，进行预测。本节以制作产品销售统计分析图表为例，介绍使用 Excel 的图表功能分析销售数据的方法。制作产品销售统计分析图表时，需要注意以下几点。

1. 表格的设计要合理

① 表格要有明确的表格名称，快速向读者传达要制作图表的信息。

② 表头的设计要合理，能够指明每一项数据要反映的销售信息，如时间、产品名称和销售人员等。

③ 表格中的数据格式、单位要统一，这样才能正确地反映销售统计表中的数据。

2. 选择合适的图表类型

① 制作图表时首先要选择正确的数据源，有时表格的标题不可作为数据源，而表头通常要作为数据源的一部分。

② Excel 2021 提供了 16 种图表类型及组合图表类型，每一类图表所反映的数据主题不同，用户需要根据要表达的主题选择合适的图表。

③ 图表中可以添加合适的图表元素，如图表标题、数据标签、数据表、图例等，通过这些图表元素可以更直观地反映图表信息。

6.1.2 设计思路

制作产品销售统计分析图表时可以按照以下思路进行。

① 设计要用于图表分析的数据表格。

② 为表格选择合适的图表类型并创建图表。

③ 设置并调整图表的位置、大小、布局、样式及美化图表。

④ 添加并设置图表标题、数据标签、数据表、网格线及图例等图表元素。

6.1.3 涉及知识点

本案例主要涉及以下知识点。

① 创建图表。

② 设置和调整图表。

③ 添加图表元素。

④ 创建数据透视表和数据透视图。

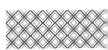

6.2 选择图表类型并创建图表

Excel 2021 提供了包含组合图表在内的 17 种图表类型，用户可以根据需求选择合适的图表类型，然后创建嵌入式图表或工作表图表来表达数据信息。

6.2.1 选择合适的图表

Excel 2021 提供了柱形图、折线图、饼图、条形图、面积图、XY 散点图、地图、股价图、曲面图、雷达图、树状图、旭日图、直方图、箱形图、瀑布图、漏斗图 16 种图表类型及组合图表类型，需要根据图表的特点选择合适的图表类型，具体操作步骤如下。

第 1 步 打开"素材 \ch06\ 产品销售统计分析图表 .xlsx"文件，在数据区域中选中任意一个单元格，这里选中 H6 单元格，如下图所示。

第 2 步 单击【插入】选项卡下【图表】组右下角的【查看所有图表】按钮，如下图所示。

第 3 步 弹出【插入图表】对话框，选择【所有图表】选项卡，即可在左侧的列表中查看

Excel 2021 提供的所有图表类型，如下图所示。

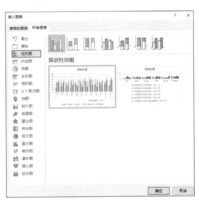

① 柱形图——以垂直条跨若干类别比较值。柱形图是最普通的图表类型之一，它的数据显示为垂直柱体，高度与数值相对应，数值的刻度显示在纵轴线的左侧，如下图所示。创建柱形图时可以设定多个数据系列，每个数据系列以不同的颜色表示。

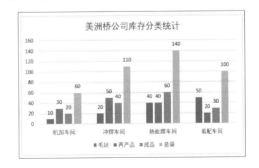

② 折线图——按时间或类别显示趋势。折线图用来显示一段时间内的趋势。例如，数据在一段时间内是呈增长趋势的，在另一

段时间内是呈下降趋势的，可以通过折线图对将来做出预测，如下图所示。

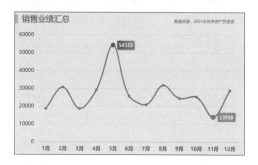

③ 饼图——显示比例。饼图用于对比几个数据在其形成的总和中所占的百分比值。整个饼代表总和，每一个数用一个楔形或薄片代表，如下图所示。

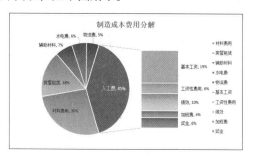

④ 条形图——以水平条跨若干类别比较值。条形图由一系列水平条组成，使对于时间轴上的某一点、两个或多个项目的相对尺寸具有可比性。条形图中的每一条在工作表上都是一个单独的数据点或数，如下图所示。

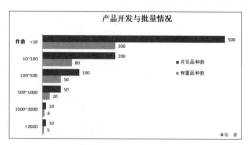

⑤ 面积图——显示变动幅度。面积图显示一段时间内数据变动的幅值。当有几个部分的数据都在变动时，可以选择显示需要的部分，即可看到单独各部分的变动，同时也可看到总体的变化，如下图所示。

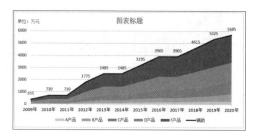

⑥ XY散点图——显示值集之间的关系。XY散点图展示成对的数和它们所代表的趋势之间的关系。散点图可以用来绘制函数曲线，从简单的三角函数、指数函数、对数函数到更复杂的混合型函数，都可以利用它快速、准确地绘制出曲线，所以在教学、科学计算中会经常用到，如下图所示。

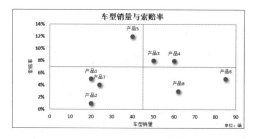

⑦ 地图——显示不同地理位置数据变化。可以使用地图图表比较值并跨地理区域显示类别。数据中可以含有地理区域，如国家/地区、省/自治区/直辖市、县或邮政编码等，通过地图图表可以清晰地比较数据变化。

⑧ 股价图——显示股票变化趋势。股价图是具有3个数据序列的折线图，被用来显示一段给定时间内一种股票的最高价、最低价和收盘价。

⑨ 曲面图——在曲面上显示两个或更多数据。曲面图显示的是连接一组数据点的三维曲面，主要用于寻找两组数据的最优组合。

⑩ 雷达图——显示相对于中心点的值。雷达图显示数据如何按中心点或其他数据变动，每个类别的坐标值都从中心点辐射，如下图所示。

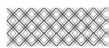

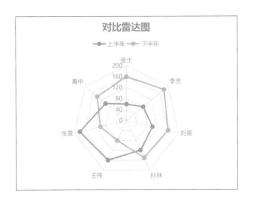

⑪ 树状图——以矩形显示比例。树状图主要用于比较层次结构中不同级别的值，可以使用矩形显示层次结构级别中的比例，如下图所示。

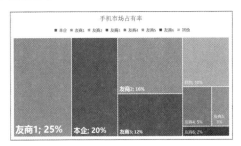

⑫ 旭日图——以环形显示比例。旭日图主要用于比较层次结构中不同级别的值，可以使用环形显示层次结构级别中的比例，如下图所示。

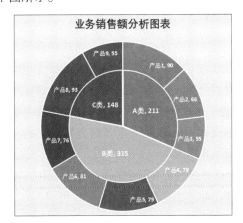

⑬ 直方图——显示数据分布情况。直方图由一系列高度不等的纵向条纹或线段表示

数据分布的情况。一般用横轴表示数据类型，纵轴表示分布情况。

⑭ 箱形图——显示一组数据中的变体。箱形图主要用于显示一组数据中的变体。

⑮ 瀑布图——显示值的演变。瀑布图用于显示一系列正值和负值的累积影响。

⑯ 漏斗图——显示流程中多个阶段的值。漏斗图以漏斗形状显示总和等于 100% 的数据。该图表是以 100% 的一部分表示数据的单序列图表，不使用轴。例如，可以使用漏斗图来显示销售渠道中每个阶段的客户转化情况。

⑰ 组合图——突出显示不同类型的信息。组合图将多个图表类型集中显示在一个图表中，集合各类图表的优点，更直观形象地显示数据，如下图所示。

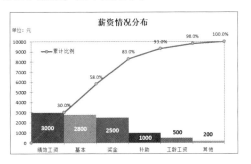

掌握各类图表的特点之后，就可以根据需要选择合适的图表。单击【插入图表】对话框右上角的【关闭】按钮⊠，即可将其关闭，如下图所示。

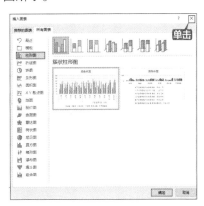

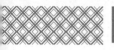

6.2.2 重点: 创建图表

创建图表时,不仅可以使用系统推荐的图表创建图表,还可以根据实际需要选择并创建合适的图表。下面介绍在产品销售统计分析图表中创建图表的方法。

1. 使用系统推荐的图表创建图表

在 Excel 2021 中,系统为用户推荐了多种图表类型,并显示图表的预览,用户只需选择一种图表类型,即可完成图表的创建,具体操作步骤如下。

第1步 在打开的"产品销售统计分析图表 .xlsx"素材文件中,选中数据区域中的任意一个单元格,单击【插入】选项卡下【图表】组中的【推荐的图表】按钮,如下图所示。

| 提示 |

如果要为部分数据创建图表,仅选择要创建图表的部分数据。

第2步 弹出【插入图表】对话框,选择【推荐的图表】选项卡,在左侧的列表中可以看到系统推荐的图表类型。选择需要的图表类型,这里选择【簇状柱形图】图表,单击【确定】按钮,如下图所示。

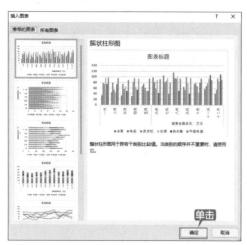

第3步 即可完成使用推荐的图表创建图表的操作,如下图所示。

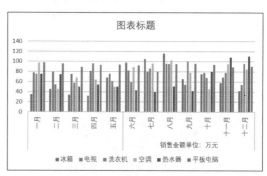

| 提示 |

如果要删除创建的图表,只需选择创建的图表,然后按【Delete】键即可。

2. 使用功能区创建图表

在 Excel 2021 的功能区中将图表类型集中显示在【插入】选项卡下的【图表】组中,方便用户快速创建图表,具体操作步骤如下。

第1步 选中数据区域中的任意一个单元格,单击【插入】选项卡下【图表】组中的【插入柱形图或条形图】按钮,在弹出的下拉列表中选择【二维柱形图】→【簇状柱形图】选项,如下图所示。

第2步 即可在该工作表中插入一个柱形图表，效果如下图所示。

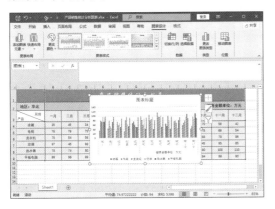

3. 使用图表向导创建图表

也可以使用图表向导创建图表，具体操作步骤如下。

第1步 在打开的素材文件中，选中数据区域中的任意一个单元格，单击【插入】选项卡下【图表】组中的【查看所有图表】按钮 ，弹出【插入图表】对话框，选择【所有图表】选项卡，在左侧的列表中选择【折线图】选项，在右侧选择一种折线图类型，单击【确定】按钮，如下图所示。

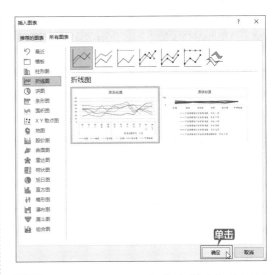

第2步 即可在 Excel 工作表中创建折线图图表，效果如下图所示。

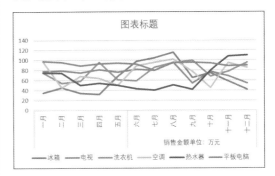

> **提示**
>
> 除了使用上面的 3 种方法创建图表，还可以按【Alt+F1】组合键创建嵌入式图表，按【F11】键创建工作表图表。嵌入式图表是与工作表数据在一起或与其他嵌入式图表在一起的图表，而工作表图表是特定的工作表，只包含单独的图表。

 图表的设置和调整

在产品销售统计分析图表中创建图表后，不仅可以根据需要设置图表的位置和大小，还可以根据需要调整图表的样式及类型。

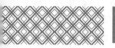

6.3.1 重点：调整图表的位置和大小

1. 调整图表的位置

创建图表后，可以根据需要调整图表的位置和大小，具体操作步骤如下。

第1步 选择创建的图表，将鼠标指针放在图表上，当鼠标指针变为 ✥ 形状时，按住鼠标左键并拖曳，如下图所示。

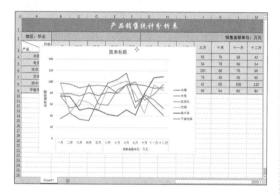

第2步 拖曳至合适位置后释放鼠标左键，即可完成调整图表位置的操作，如下图所示。

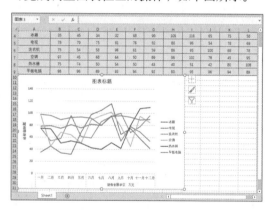

2. 调整图表的大小

调整图表的大小有两种方法：一种是拖曳鼠标调整图表的大小，另一种是精确调整图表的大小。

（1）拖曳鼠标调整图表的大小

拖曳鼠标调整图表的大小的具体操作步骤如下。

第1步 选择创建的图表，将鼠标指针放在图

表四周的控制点上。例如，将鼠标指针放在右下角的控制点上，当鼠标指针变为 ↘ 形状时，按住鼠标左键并拖曳，如下图所示。

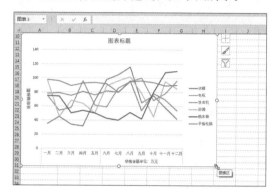

第2步 拖曳至合适大小后释放鼠标左键，即可完成调整图表大小的操作，如下图所示。

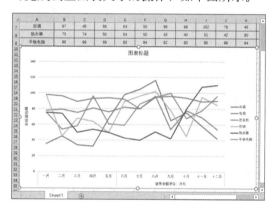

（2）精确调整图表的大小

如果要精确地调整图表的大小，可以选择创建的图表，在【格式】选项卡下【大小】组中单击【形状高度】和【形状宽度】数值框后的微调按钮，或者在文本框中直接输入图表的高度和宽度值，按【Enter】键确认即可，如下图所示。

> **|提示|**
>
> 单击【格式】选项卡下【大小】组中的【大小和属性】按钮，在打开的【设置图表区格式】窗格中选中【锁定纵横比】复选框，可等比放大或缩小图表。

6.3.2 重点：调整图表布局

创建图表后，可以根据需要调整图表的布局，具体操作步骤如下。

第1步 选择创建的图表，单击【图表设计】选项卡下【图表布局】组中的【快速布局】按钮，在弹出的下拉列表中选择【布局5】选项，如下图所示。

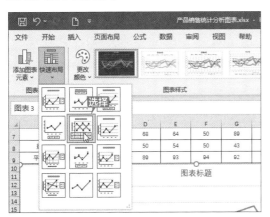

第2步 调整图表布局后的效果如下图所示。

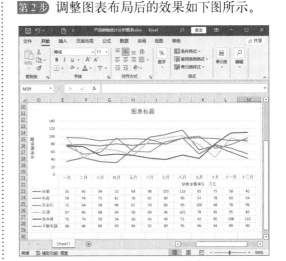

6.3.3 修改图表样式

修改图表样式主要包括调整图表颜色和调整图表样式两方面的内容。修改图表样式的具体操作步骤如下。

第1步 选择图表，单击【图表设计】选项卡下【图表样式】组中的【更改颜色】按钮，在弹出的下拉列表中选择【彩色调色板3】选项，如下图所示。

第2步 调整图表颜色后的效果如下图所示。

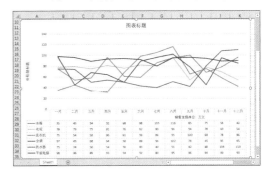

第3步 选择图表，单击【图表设计】选项卡下【图表样式】组中的【其他】按钮，在弹出的下拉列表中选择【样式9】选项，如下

图所示。

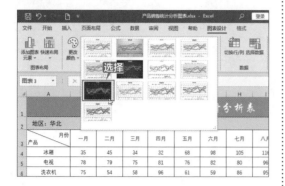

第4步 即可更改图表的样式，效果如下图所示。

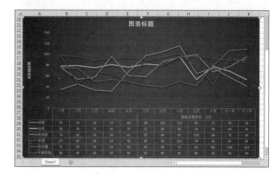

6.4 添加图表元素

　　创建图表后，可以在图表中添加坐标轴、轴标题、图表标题、数据标签、数据表、网格线和图例等元素。

6.4.1 重点：图表的组成

　　图表主要由绘图区、图表区、数据系列、网格线、图例区、垂直轴和水平轴等组成，如下图所示。其中，图表区和绘图区是最基本的，通过单击图表区可选中整个图表。当鼠标指针移至图表的不同部位时，系统就会自动显出该部位的名称。

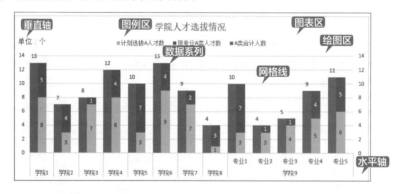

6.4.2 重点：添加图表标题

　　在图表中添加标题可以直观地反映图表的内容，具体操作步骤如下。

第1步 选择美化后的图表，删除【图表标题】文本框中的内容，并输入"产品销售统计分析图表"，如下图所示。

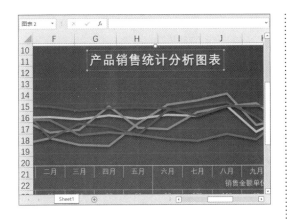

提示

如果图表中没有【图表标题】文本框或希望修改图表标题的位置，可以单击【图表设计】选项卡下【图表布局】组中的【添加图表元素】按钮，在弹出的下拉列表中选择【图表标题】选项，然后可以选择添加图表标题的位置，包括【图表上方】和【居中覆盖】选项，如下图所示。如果选择【无】选项，则取消图表标题。

第 2 步 选择添加的图表标题，单击【格式】选项卡下【艺术字样式】组中的【其他】下拉按钮，在弹出的下拉列表中选择一种艺术字样式，如下图所示。

第 3 步 即可为图表标题添加艺术字效果，如下图所示。

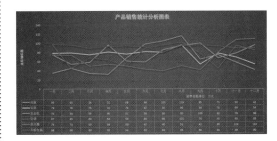

6.4.3 重点：添加数据标签

添加数据标签可以直接读出折线图上对应的数值，具体操作步骤如下。

第 1 步 选择图表或选择某条数据趋势线，单击【图表设计】选项卡下【图表布局】组中的【添加图表元素】按钮，在弹出的下拉列表中选择【数据标签】→【上方】选项，如下图所示。

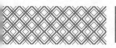

第2步 即可为所选的数据趋势线添加数据标签，效果如下图所示。

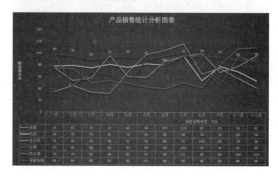

6.5 创建办公用品采购透视表

办公用品采购表是各单位采购物品的明细表，一方面是下阶段采购计划的清单，另一方面从侧面反映了各种办公用品在各个部门的消耗情况。办公用品采购透视表对办公用品采购表的分析有很大帮助。

6.5.1 重点：创建和编辑数据透视表

当数据源工作表符合创建数据透视表的要求时，即可创建数据透视表。创建办公用品采购透视表，以便更好地对办公用品采购表进行分析和处理。

1. 创建数据透视表

创建数据透视表的具体操作步骤如下。

第1步 打开"素材 \ch06\ 办公用品采购透视表 .xlsx"文件，选中数据区域中的任意单元格，单击【插入】选项卡下【表格】组中的【数据透视表】按钮，如下图所示。

第2步 弹出【来自表格或区域的数据透视表】对话框，单击【选择表格或区域】选项区域中的【表／区域】文本框右侧的【折叠】按

钮，如下图所示。

第3步 在工作表中选择表格数据区域，单击【展开】按钮，如下图所示。

第4步 选中【选择放置数据透视表的位置】选项区域中的【现有工作表】单选按钮，单击【位置】文本框右侧的【折叠】按钮，如下图所示。

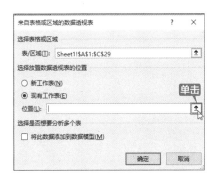

第5步 在工作表中选择创建数据透视表的位置，单击【展开】按钮 ⊡，如下图所示。

第6步 返回【来自表格或区域的数据透视表】对话框，单击【确定】按钮，如下图所示。

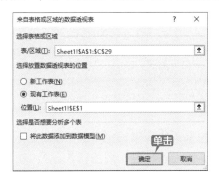

第7步 即可创建数据透视表，如下图所示。

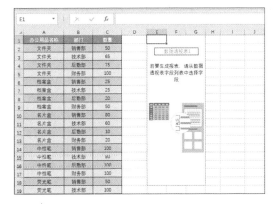

第8步 在【数据透视表字段】窗口中将【办公用品名称】字段拖至【列】区域，将【部门】字段拖至【行】区域，将【数量】字段拖至【值】区域，即可生成数据透视表，效果如下图所示。

| 提示 |

　　在【数据透视表字段】窗格中，【行】和【列】字段分别代表数据透视表的行标题和列标题；【筛选】字段是需要筛选的条件；【值】字段是需要汇总的数据。

2. 修改数据透视表

　　如果需要对数据透视表添加字段，可以使用更改数据源的方式对数据透视表做出修改，具体操作步骤如下。

第1步 在 D1 单元格中输入"采购人"文本，并在下方输入采购人姓名，效果如下图所示。

第2步 选中数据透视表，单击【数据透视表分析】选项卡下【数据】组中的【更改数据源】按钮，在弹出的下拉列表中选择【更改数据源】选项，如下图所示。

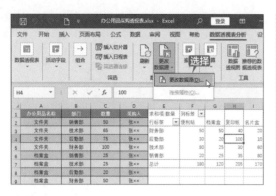

第3步 弹出【更改数据透视表数据源】对话框，单击【请选择要分析的数据】选项区域中的【表／区域】文本框右侧的【折叠】按钮▲，如下图所示。

第4步 选中 A1:D29 单元格区域，单击【展开】按钮▦，如下图所示。

第5步 返回【移动数据透视表】对话框，单击【确定】按钮，如下图所示。

第6步 即可将【采购人】字段添加在字段列表中，将【采购人】字段拖至【筛选】区域，如下图所示。

第7步 即可完成修改数据透视表的操作，效果如下图所示。

采购人	(全部) ▾							
求和项:数量	列标签 ▾							
行标签 ▾	便利贴	档案盒	复印纸	名片盒	文件夹	荧光笔	中性笔	总计
财务部	50	50	40	20	100	10	100	370
后勤部	30	20	100	10	75	20	100	355
技术部	80	25	30	60	65	100	80	440
销售部	20	25	35	80	50	50	100	360
总计	180	120	205	170	290	180	380	1525

3. 添加或删除记录

如果工作表中的记录发生变化，就需要对数据透视表做出相应的修改，具体操作步骤如下。

第1步 选中第 18 行和第 19 行的单元格区域并右击，在弹出的快捷菜单中选择【插入】选项，如下图所示。

第2步 即可插入空白行，效果如下图所示。

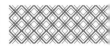

第3步 在新插入的单元格中输入相关内容，效果如下图所示。

	A	B	C	D	E
13	名片盒	财务部	20	张××	
14	中性笔	销售部	100	王××	
15	中性笔	技术部	80	王××	
16	中性笔	后勤部	100	王××	
17	中性笔	财务部	100	王××	输入内容
18	中性笔	市场部	60	王××	
19	中性笔	销售部	80	王××	
20	荧光笔	销售部	50	王××	
21	荧光笔	技术部	100	王××	
22	荧光笔	后勤部	20	王××	

Sheet1

第4步 选中数据透视表，单击【数据透视表分析】选项卡下【数据】组中的【刷新】按钮，如下图所示。

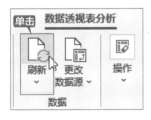

单击 数据透视表分析

刷新 更改数据源 操作

数据

第5步 即可在数据透视表中加入新添加的记录，效果如下图所示。

采购人	(全部)						
求和项 数量	列标签						
行标签	便利贴	档案盒	复印纸	名片盒	文件夹	荧光笔	中性笔	总计
财务部	50	50	40	20	100	10	100	370
后勤部	30	20	100	10	75	20	100	355
技术部	80	25	30	60	65	100	80	440
销售部	20	25	35	80	50	50	180	440
市场部							60	60
总计	180	120	205	170	290	180	520	1665

第6步 将新插入的记录从表中删除，选中数据透视表，单击【数据透视表分析】选项卡下【数据】组中的【刷新】按钮，记录即

会从数据透视表中消失，如下图所示。

采购人	(全部)						
求和项 数量	列标签						
行标签	便利贴	档案盒	复印纸	名片盒	文件夹	荧光笔	中性笔	总计
财务部		50	40	20	100	10	100	370
后勤部	30	20	100	10	75	20	100	355
技术部	80	25	30	60	65	100	80	440
销售部	20	25	35	80	50	50	100	360
总计	180	120	205	170	290	180	380	1525

4. 设置数据透视表选项

用户可以对创建的数据透视表外观进行设置，具体操作步骤如下。

第1步 选中数据透视表，选中【设计】选项卡下【数据透视表样式选项】组中的【镶边行】和【镶边列】复选框，如下图所示。

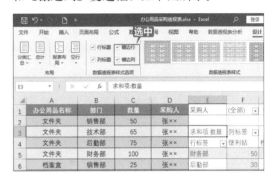

第2步 即可在数据透视表中加入镶边行和镶边列，效果如下图所示。

采购人	(全部)						
求和项 数量	列标签						
行标签	便利贴	档案盒	复印纸	名片盒	文件夹	荧光笔	中性笔	总计
财务部	50	50	40	20	100	10	100	370
后勤部	30	20	100	10	75	20	100	355
技术部	80	25	30	60	65	100	80	440
销售部	20	25	35	80	50	50	100	360
总计	180	120	205	170	290	180	380	1525

第3步 选中数据透视表，单击【数据透视表分析】选项卡下【数据透视表】组中的【选项】按钮，如下图所示。

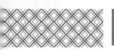
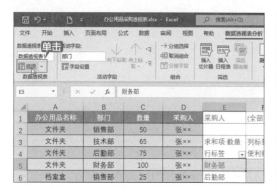

第4步 弹出【数据透视表选项】对话框，在【布局和格式】选项卡下【格式】选项区域中取消选中【更新时自动调整列宽】复选框，如下图所示。

第5步 选择【数据】选项卡，选中【数据透视表数据】选项区域中的【打开文件时刷新数据】复选框，单击【确定】按钮，如下图所示。

5. 改变数据透视表的布局

用户可以根据需要对数据透视表的布局进行改变，具体操作步骤如下。

第1步 选中数据透视表，单击【设计】选项卡下【布局】组中的【总计】按钮，在弹出的下拉列表中选择【对行和列启用】选项，如下图所示。

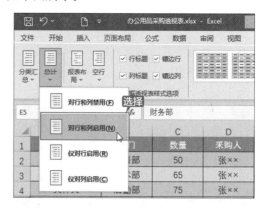

第2步 即可对行和列都进行总计操作，效果如下图所示。

采购人	(全部)							
求和项:数量	列标签							
行标签	便利贴	档案盒	复印纸	名片盒	文件夹	荧光笔	中性笔	总计
财务部	50	50	40	20	100	10	100	370
后勤部	30	20	100	10	75	20	100	355
技术部	80	25	30	60	65	100	80	440
销售部	20	25	35	80	50	50	100	360
总计	180	120	205	170	290	180	380	1525

第3步 单击【布局】组中的【报表布局】按钮，在弹出的下拉列表中选择【以大纲形式显示】选项，如下图所示。

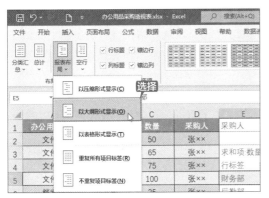

第4步 即可以大纲形式显示数据透视表，效果如下图所示。

采购人	(全部)							
求和项:数量		办公用品						
部门	便利贴	档案盒	复印纸	名片盒	文件夹	荧光笔	中性笔	总计
财务部	50	50	40	20	100	10	100	370
后勤部	30	20	100	10	75	20	100	355
技术部	80	25	30	60	65	100	80	440
销售部	20	25	35	80	50	50	100	360
总计	180	120	205	170	290	180	380	1525

第5步 单击【布局】组中的【报表布局】按钮，在弹出的下拉列表中选择【以压缩形式显示】选项，如下图所示。

第6步 即可将数据透视表切换回压缩形式显示，如下图所示。

采购人	(全部)							
求和项:数量	列标签							
行标签	便利贴	档案盒	复印纸	名片盒	文件夹	荧光笔	中性笔	总计
财务部	50	50	40	20	100	10	100	370
后勤部	30	20	100	10	75	20	100	355
技术部	80	25	30	60	65	100	80	440
销售部	20	25	35	80	50	50	100	360
总计	180	120	205	170	290	180	380	1525

6. 整理数据透视表的字段

在统计和分析过程中，可以通过整理数据透视表中的字段来分别对各字段进行统计分析，具体操作步骤如下。

第1步 选中数据透视表，在【数据透视表字段】窗格中取消选中【部门】复选框，如下图所示。

第2步 即可在数据透视表中取消部门的显示，效果如下图所示。

采购人	(全部)							
	列标签							
	便利贴	档案盒	复印纸	名片盒	文件夹	荧光笔	中性笔	总计
求和项:数量	180	120	205	170	290	180	380	1525

第3步 取消选中【办公用品名称】复选框，则该字段也不再显示在数据透视表中，效果如下图所示。

采购人	(全部)
求和项:数量	
1525	

第4步 在【数据透视表字段】窗格中将【部门】字段拖至【列】区域，将【办公用品名称】字段拖至【行】区域，如下图所示。

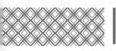

数据透视表字段

选择要添加到报表的字段:

搜索

☑ 部门
☑ 数量
☑ 采购人

在以下区域间拖动字段:

▼ 筛选	▥ 列
采购人 ▼	部门 ▼

▤ 行	Σ 值
办公用品名称 ▼	求和项:数量 ▼

第5步 即可将原来数据透视表中的行和列进行互换,效果如下图所示。

采购人	(全部) ▼				
求和项:数量	列标签 ▼				
行标签 ▼	财务部	后勤部	技术部	销售部	总计
便利贴	50	30	80	20	180
档案盒	50	20	25	25	120
复印纸	40	100	30	35	205
名片盒	20	10	60	80	170
文件夹	100	75	65	50	290
荧光笔	10	20	100	50	180
中性笔	100	100	80	100	380
总计	370	355	440	360	1525

第6步 将【部门】字段拖至【行】区域,则可在数据透视表中不显示列,效果如下图所示。

第7步 再次将【办公用品名称】字段拖至【列】区域,即可再次更改数据透视表的行和列,效果如下图所示。

采购人	(全部) ▼							
求和项:数量	列标签 ▼							
行标签 ▼	便利贴	档案盒	复印纸	名片盒	文件夹	荧光笔	中性笔	总计
财务部	50	50	40	20	100	10	100	370
后勤部	30	20	100	10	75	20	100	355
技术部	80	25	30	60	65	100	80	440
销售部	20	25	35	80	50	50	100	360
总计	180	120	205	170	290	180	380	1525

7. 在数据透视表中排序

对数据透视表中的数据进行排序的具体操作步骤如下。

第1步 单击 E4 单元格中【行标签】右侧的下拉按钮▼,在弹出的下拉列表中选择【降序】选项,如下图所示。

第2步 即可看到以降序顺序显示的数据,效果如下图所示。

采购人	(全部) ▼							
求和项:数量	列标签 ▼							
行标签 ▼	便利贴	档案盒	复印纸	名片盒	文件夹	荧光笔	中性笔	总计
销售部	20	25	35	80	50	50	100	360
技术部	80	25	30	60	65	100	80	440
后勤部	30	20	100	10	75	20	100	355
财务部	50	50	40	20	100	10	100	370
总计	180	120	205	170	290	180	380	1525

第3步 按【Ctrl+Z】组合键撤销上一步操作,选中数据透视表数据区域 I 列的任意单元格,单击【数据】选项卡下【排序和筛选】组中的【升序】按钮,如下图所示。

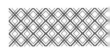

第5步 对数据进行排序分析后，可以按【Ctrl+Z】组合键撤销上一步操作，效果如下图所示。

采购人	(全部) ▼							
求和项:数量	列标签 ▼							
行标签 ▼	便利贴	档案盒	复印纸	名片盒	文件夹	荧光笔	中性笔	总计
财务部	50	50	40	20	100	10	100	370
后勤部	30	20	100	10	75	20	100	355
技术部	80	25	30	60	65	100	80	440
销售部	20	25	35	80	50	50	100	360
总计	180	120	205	170	290	180	380	1525

第4步 即可将数据以【名片盒】数据为标准进行升序排序，效果如下图所示。

采购人	(全部) ▼							
求和项:数量	列标签 ▼							
行标签 ▼	便利贴	档案盒	复印纸	名片盒	文件夹	荧光笔	中性笔	总计
后勤部	30	20	100	10	75	20	100	355
财务部	50	50	40	20	100	10	100	370
技术部	80	25	30	60	65	100	80	440
销售部	20	25	35	80	50	50	100	360
总计	180	120	205	170	290	180	380	1525

6.5.2 重点：美化数据透视表

设置数据透视表的样式不仅能使数据透视表更加美观，还可以增加数据透视表的可读性，方便用户快速获取重要数据。

Excel 内置了多种数据透视表的样式，可以满足大部分数据透视表的需要。使用内置数据透视表样式的具体操作步骤如下。

第1步 选中数据透视表中的任意单元格，单击【设计】选项卡下【数据透视表样式】组中的【其他】按钮▼，在弹出的下拉列表中选择一种样式，如下图所示。

第2步 即可对数据透视表应用该样式，效果如下图所示。

采购人	(全部) ▼							
求和项:数量	列标签 ▼							
行标签	便利贴	档案盒	复印纸	名片盒	文件夹	荧光笔	中性笔	总计
财务部	50	50	40	20	100	10	100	370
后勤部	30	20	100	10	75	20	100	355
技术部	80	25	30	60	65	100	80	440
销售部	20	25	35	80	50	50	100	360
总计	180	120	205	170	290	180	380	1525

 6.6 创建办公用品采购透视图

与数据透视表不同，数据透视图可以更直观地展示数据的数量和变化，更容易从数据透视

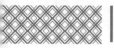

图中找到数据的变化规律和趋势。

6.6.1 重点：通过数据区域创建数据透视图

数据透视图可以通过数据区域进行创建，具体操作步骤如下。

第1步 选中工作表中的A1:D29单元格区域，单击【插入】选项卡下【图表】组中的【数据透视图】按钮，如下图所示。

第2步 弹出【创建数据透视图】对话框，选中【选择放置数据透视图的位置】选项区域中的【现有工作表】单选按钮，单击【位置】文本框右侧的【折叠】按钮，如下图所示。

第3步 在工作表中选择需要放置数据透视图的位置，单击【展开】按钮，如下图所示。

第4步 返回【创建数据透视表】对话框，单击【确定】按钮，如下图所示。

第5步 即可在工作表中插入数据透视图，效果如下图所示。

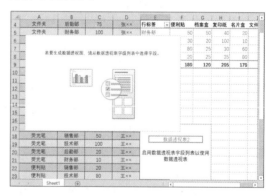

第6步 在【数据透视图字段】窗格中，将【办公用品名称】字段拖至【图例（系列）】区域，将【部门】字段拖至【轴（类别）】区域，将【数量】字段拖至【值】区域，将【采购人】字段拖至【筛选】区域，如下图所示。

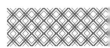

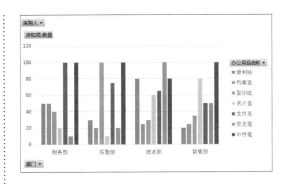

第7步 即可生成数据透视图，效果如下图所示。

6.6.2 重点：通过数据透视表创建数据透视图

除了通过数据区域创建数据透视图，还可以通过数据透视表创建数据透视图，具体操作步骤如下。

第1步 将先前通过数据区域创建的数据透视图和生成的数据透视表删除，选中前面创建的数据透视表数据区域中的任意单元格，如下图所示。

第2步 单击【数据透视表分析】选项卡下【工具】组中的【数据透视图】按钮，如下图所示。

第3步 弹出【插入图表】对话框，选择【柱形图】→【簇状柱形图】选项，单击【确定】按钮，如下图所示。

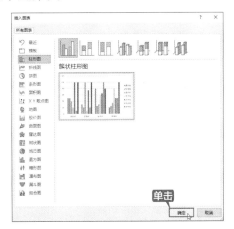

第4步 即可在工作表中插入数据透视图，效果如下图所示。

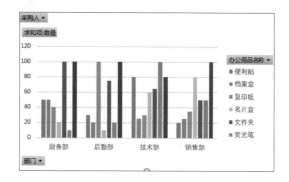

6.6.3 美化数据透视图

插入数据透视图之后，可以对数据透视图进行美化，具体操作步骤如下。

第1步 调整图表的大小及位置，如下图所示。

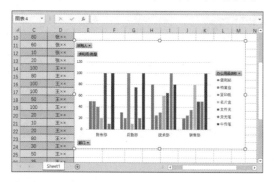

第2步 选中创建的数据透视图，单击【设计】选项卡下【图表样式】组中的【更改颜色】按钮，在弹出的下拉列表中选择一种颜色组合，如下图所示。

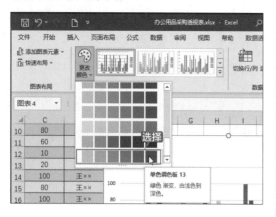

第3步 即可为数据透视图应用该颜色组合，效果如下图所示。

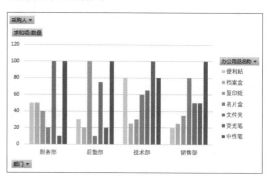

第4步 继续单击【图表样式】组中的【其他】按钮，在弹出的下拉列表中选择一种图表样式，如下图所示。

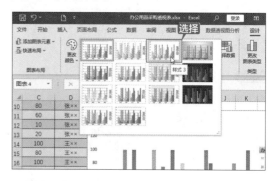

第5步 即可为数据透视图应用所选样式，效果如下图所示。

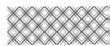

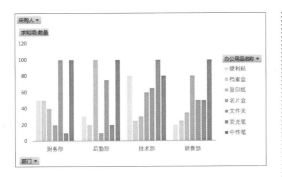

第6步 单击【设计】选项卡下【图表布局】组中的【添加图表元素】按钮 添加图表元素，在弹出的下拉列表中选择【图表标题】→【图表上方】选项，如下图所示。

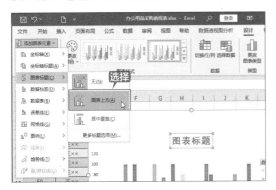

第7步 即可在数据透视图中添加图表标题，将图表标题更改为"办公用品采购透视图"，效果如下图所示。

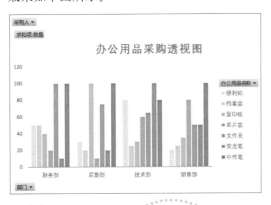

第8步 继续单击【添加图表元素】按钮 添加图表元素，在弹出的下拉列表中选择【数据标签】→【数据标签外】选项，如下图所示。

第9步 即可为数据透视图添加数据标签，效果如下图所示。

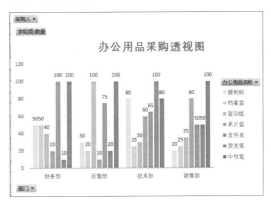

┃提示┃

数据透视表外观的设置应以易读为前提，然后在不影响观察的前提下对表格和图表进行美化。

举一反三

制作项目预算分析图表

与产品销售统计分析图表类似的图表还有项目预算分析图表、年产量统计图表、货物库存分析图表、成绩统计分析图表等。制作这类图表时，要做到数据格式的统一，并且要选择合适

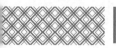

的图表类型，以便准确表达要传递的信息。下面以制作项目预算分析图表为例进行介绍，其制作思路如下。

1. 创建图表

打开"素材\ch06\项目预算表.xlsx"文件，创建簇状柱形图图表，如下图所示。

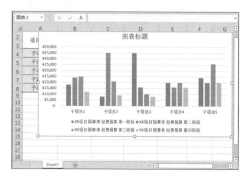

2. 设置并调整图表

根据需要调整图表的大小和位置，并调整图表的布局、样式，最后根据需要美化图表，如下图所示。

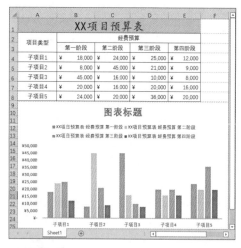

3. 添加图表元素

更改图表标题、添加数据标签、添加数据表及调整图例的位置，如下图所示。

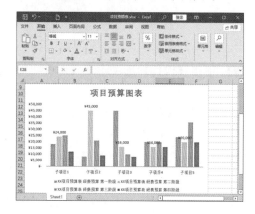

4. 创建迷你图

为每个子项目的每个阶段经费预算创建迷你图，如下图所示。

◇ 分离饼图制作技巧

使用饼图可以清楚地看到各个数据在总数据中的占比。饼图的类型很多，下面介绍在 Excel 2021 中制作分离饼图的方法，具体操作步骤如下。

第1步 打开"素材\ch06\产品销售统计分析图表.xlsx"文件,选中B3:M4单元格区域,如下图所示。

第2步 单击【插入】选项卡下【图表】组中的【插入饼图或圆环图】按钮，在弹出的下拉列表中选择【三维饼图】选项，如下图所示。

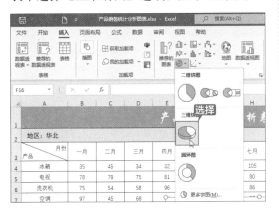

第3步 即可插入饼图，右击该饼图，在弹出的快捷菜单列表中选择【设置数据系列格式】选项，如下图所示。

> **|提示|**
>
> 如果要强调饼图的单个扇区，可以单击饼图，然后双击要拉出的扇区，即可将其从图表中心拖开。

第4步 弹出【设置数据系列格式】窗格，在【系列选项】区域下，可以拖曳【饼图分离】下方的滑块或在文本框中输入数值以增加分隔，范围为"0%～400%"，这里设置为"15%"，如下图所示。

第5步 此时各饼块即会分离，并可根据需要对图表的样式进行美化，效果如下图所示。

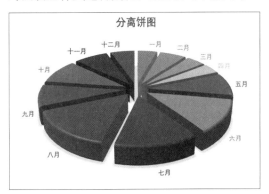

◇ 新功能：在 Excel 中制作人形图表

Excel 2021提供了People Graph功能，可以制作好看的人形图表，并且可以根据需要设置图表的类型、主题和形状，具体操作步骤如下。

第1步 打开"素材 \ch06\ 人形图表 .xlsx"文件，单击【插入】选项卡下【加载项】组中的【People Graph】按钮 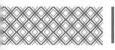，如下图所示。

第2步 在打开的窗口中单击右上角的【数据】按钮(圙)，如下图所示。

第3步 在弹出界面的【标题】文本框中输入"企业员工学历组成"，单击【选择您的数据】按钮，如下图所示。

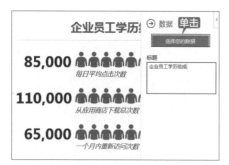

第4步 选中 A1:B5 单元格区域，单击【创建】按钮，如下图所示。

第5步 完成人形图表的创建，如下图所示。

第6步 单击右上角的【设置】按钮(圙)，在【类型】列表中选择图表类型，如下图所示。

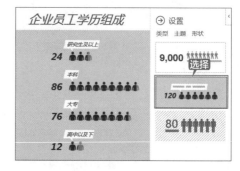

第7步 在【主题】列表中选择图表主题，如下图所示。

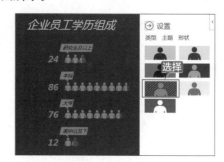

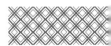

第8步 在【形状】列表中选择人形形状，如下图所示。

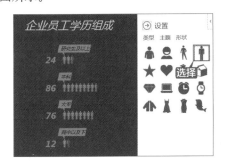

第9步 完成图表的制作，最终效果如下图所示。

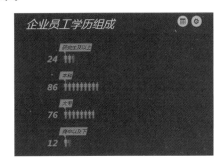

第7章

高级数据处理与分析——
公式和函数的应用

📖 本章导读

公式和函数是 Excel 的重要组成部分，有着强大的计算能力，为用户分析和处理工作表中的数据提供了很大的方便。使用公式和函数可以节省处理数据的时间，降低在处理大量数据时的出错率。本章通过制作企业员工工资明细表来学习公式和函数的使用方法。

✈ 思维导图

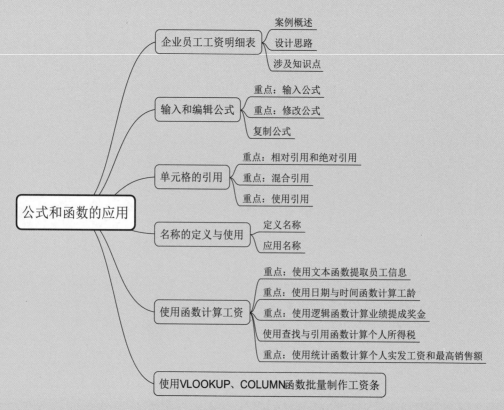

7.1 企业员工工资明细表

企业员工工资明细表是常见的工作表类型之一。工资明细表作为企业员工工资的发放凭证，是根据各类工资类型汇总而成的，涉及众多函数的使用。了解各种函数的用法和性质，对分析数据有很大帮助。

7.1.1 案例概述

企业员工工资明细表由工资条、工资表、员工基本信息、销售奖金表、业绩奖金标准和个人所得税表组成，每个工作表中的数据都需要经过大量的运算，各个工作表之间也需要使用函数相互调用，最后由各个工作表共同组成一个企业员工工资明细的工作簿。通过制作企业员工工资明细表，可以学习各种函数的使用方法。

7.1.2 设计思路

企业员工工资明细表由工资表、员工基本信息表等基本表格组成。其中，工资表记录着员工每项工资的金额和总的工资数额，员工基本信息表记录着员工的工龄等。由于工作表之间存在调用关系，因此需要制作者厘清工作表的制作顺序，设计思路如下。

① 应先完善员工基本信息，计算出五险一金的缴纳金额。

② 计算员工的工龄，得出员工的工龄工资。

③ 根据奖金发放标准计算出员工的奖金数额。

④ 汇总得出应发工资数额，得出个人所得税缴纳金额。

⑤ 汇总各项工资数额，得出实发工资数，最后生成工资条。

7.1.3 涉及知识点

本案例主要涉及以下知识点。

① 输入、复制和修改公式。
② 单元格的引用。
③ 名称的定义和使用。
④ 文本函数的使用。
⑤ 日期与时间函数的使用。

⑥ 逻辑函数的使用。
⑦ 查找与引用函数的使用。
⑧ 统计函数的使用。
⑨ VLOOKUP、COLUMN 函数的使用。

7.2 输入和编辑公式

输入公式是使用函数的第一步，在制作企业员工工资明细表的过程中使用的函数多种多样，输入方法也可以根据需要进行调整。

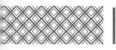

打开"素材\ch07\企业员工工资明细表.xlsx"文件，可以看到工作簿中包含5个工作表，通过单击底部工作表标签进行切换，如下图所示。

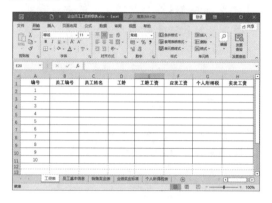

"工资表"工作表：企业员工工资的最终汇总表，主要记录员工基本信息和工资的各部分组成，如下图所示。

"员工基本信息"工作表：主要记录员工的员工编号、员工姓名、入职日期、基本工资和五险一金的应缴金额等信息，如下图所示。

"销售奖金表"工作表：员工业绩的统计表，记录员工的信息和业绩情况，统计每个员工应发放奖金的比例和金额。此外，还统计出最高销售额和该销售额对应的员工，如下图所示。

"业绩奖金标准"工作表：记录各个层级的销售额应发放奖金比例，是统计奖金额度的依据，如下图所示。

"个人所得税表"工作表：个人所得税表已经算出了个人当月（11月份）应缴的个人所得税数额，如下图所示。

7.2.1 重点：输入公式

输入公式的方法很多，可以根据需要进行选择，做到准确快速输入。

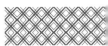

1. 公式的输入方法

在 Excel 中输入公式的方法可以分为手动输入和单击输入。

（1）手动输入

手动输入公式的具体操作步骤如下。

第1步 选择"员工基本信息"工作表，在选定的单元格中输入"=11+4"，公式会同时出现在单元格和编辑栏中，如下图所示。

第2步 按【Enter】键可确认输入，并计算出运算结果，如下图所示。

| 提示 |

公式中的各种符号一般都要求在英文状态下输入。

（2）单击输入

单击输入在需要输入大量单元格时可以节省很多时间且不容易出错。下面以输入公式"=D3+D4"为例，具体操作步骤如下。

第1步 选择"员工基本信息"工作表，选中 G4 单元格，输入"="，如下图所示。

第2步 单击 D3 单元格，单元格周围会显示活动的虚线框，同时编辑栏中会显示"D3"，这表示单元格已被引用，如下图所示。

第3步 输入加号"+"，单击 D4 单元格，D4 单元格也被引用，如下图所示。

第4步 按【Enter】键确认，即可完成公式的输入并得出结果，效果如下图所示。

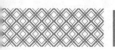

2. 在企业员工工资明细表中输入公式

在企业员工工资明细表中输入公式的具体操作步骤如下。

第1步 选择"员工基本信息"工作表，选中 E2 单元格，输入公式"=D2*10%"（为方便计算，这里将缴纳比列设置为 10%），如下图所示。

	A	B	C	D	E
	员工编号	员工姓名	入职日期	基本工资	五险一金
2	101001	张XX	2007/1/20	¥6,500.0	=D2*10%
3	101002	王XX	2008/5/10	¥5,800.0	
4	101003	李XX	2008/6/25	¥5,800.0	
5	101004	赵XX	2010/2/3	¥5,000.0	
6	101005	钱XX	2010/8/5	¥4,800.0	

第2步 按【Enter】键确认，即可得出员工"张××"五险一金缴纳金额，如下图所示。

	A	B	C	D	E
1	员工编号	员工姓名	入职日期	基本工资	五险一金
2	101001	张XX	2007/1/20	¥6,500.0	¥650.0
3	101002	王XX	2008/5/10	¥5,800.0	
4	101003	李XX	2008/6/25	¥5,800.0	
5	101004	赵XX	2010/2/3	¥5,000.0	
6	101005	钱XX	2010/8/5	¥4,800.0	

第3步 将鼠标指针放在 E2 单元格右下角，当鼠标指针变为+形状时，按住鼠标左键向下拖至 E11 单元格，即可快速填充所选单元格，效果如下图所示。

	A	B	C	D	E
1	员工编号	员工姓名	入职日期	基本工资	五险一金
2	101001	张XX	2007/1/20	¥6,500.0	¥650.0
3	101002	王XX	2008/5/10	¥5,800.0	¥580.0
4	101003	李XX	2008/6/25	¥5,800.0	¥580.0
5	101004	赵XX	2010/2/3	¥5,000.0	¥500.0
6	101005	钱XX	2010/8/5	¥4,800.0	¥480.0
7	101006	孙XX	2012/4/20	¥4,200.0	¥420.0
8	101007	李XX	2013/10/20	¥4,000.0	¥400.0
9	101008	胡XX	2014/6/5	¥3,800.0	¥380.0
10	101009	马XX	2014/7/20	¥3,600.0	¥360.0
11	101010	刘XX	2015/6/20	¥3,200.0	¥320.0
12					
13					

员工基本信息 | 销售奖金表 | 业绩奖金标准

7.2.2 重点：修改公式

五险一金根据各地情况的不同，缴纳比例也不一样，因此公式也应做出相应修改，具体操作步骤如下。

第1步 选择"员工基本信息"工作表，选中 E2 单元格。将缴纳比例更改为 11%，只需在上方编辑栏中将公式更改为"=D2*11%"即可，如下图所示。

	A	B	C	D	E
1	员工编号	员工姓名	入职日期	基本工资	五险一金
2	101001	张XX	2007/1/20	¥6,500.0	=D2*11%
3	101002	王XX	2008/5/10	¥5,800.0	¥580.0
4	101003	李XX	2008/6/25	¥5,800.0	¥580.0
5	101004	赵XX	2010/2/3	¥5,000.0	¥500.0
6	101005	钱XX	2010/8/5	¥4,800.0	¥480.0
7	101006	孙XX	2012/4/20	¥4,200.0	¥420.0
8	101007	李XX	2013/10/20	¥4,000.0	¥400.0
9	101008	胡XX	2014/6/5	¥3,800.0	¥380.0
10	101009	马XX	2014/7/20	¥3,600.0	¥360.0
11	101010	刘XX	2015/6/20	¥3,200.0	¥320.0

员工基本信息 | 销售奖金表 | 业绩奖金标准

第2步 按【Enter】键确认，E2 单元格即可显示比例更改后的缴纳金额，如下图所示。

	A	B	C	D	E
1	员工编号	员工姓名	入职日期	基本工资	五险一金
2	101001	张XX	2007/1/20	¥6,500.0	¥715.0
3	101002	王XX	2008/5/10	¥5,800.0	¥580.0
4	101003	李XX	2008/6/25	¥5,800.0	¥580.0
5	101004	赵XX	2010/2/3	¥5,000.0	¥500.0
6	101005	钱XX	2010/8/5	¥4,800.0	¥480.0
7	101006	孙XX	2012/4/20	¥4,200.0	¥420.0
8	101007	李XX	2013/10/20	¥4,000.0	¥400.0
9	101008	胡XX	2014/6/5	¥3,800.0	¥380.0
10	101009	马XX	2014/7/20	¥3,600.0	¥360.0
11	101010	刘XX	2015/6/20	¥3,200.0	¥320.0

员工基本信息 | 销售奖金表 | 业绩奖金标准

第3步 使用快速填充功能填充其他单元格，即可得出其余员工的五险一金缴纳金额，如下图所示。

	A	B	C	D	E
1	员工编号	员工姓名	入职日期	基本工资	五险一金
2	101001	张XX	2007/1/20	¥6,500.0	¥715.0
3	101002	王XX	2008/5/10	¥5,800.0	¥638.0
4	101003	李XX	2008/6/25	¥5,800.0	¥638.0
5	101004	赵XX	2010/2/3	¥5,000.0	¥550.0
6	101005	钱XX	2010/8/5	¥4,800.0	¥528.0
7	101006	孙XX	2012/4/20	¥4,200.0	¥462.0
8	101007	李XX	2013/10/20	¥4,000.0	¥440.0
9	101008	胡XX	2014/6/5	¥3,800.0	¥418.0
10	101009	马XX	2014/7/20	¥3,600.0	¥396.0
11	101010	刘XX	2015/6/20	¥3,200.0	¥352.0

员工基本信息 销售奖金表 业绩奖金标准 ...

7.2.3 复制公式

在"员工基本信息"工作表中可以使用填充柄快速地在其余单元格填充 E2 单元格使用的公式，也可以使用复制公式的方法快速输入相同公式，具体操作步骤如下。

第1步 选中 E3:E11 单元格区域，将鼠标指针放在选中的单元格区域中并右击，在弹出的快捷菜单中选择【清除内容】选项，如下图所示。

第2步 即可清除所选单元格区域中的内容，效果如下图所示。

第3步 选中 E2 单元格，按【Ctrl+C】组合键复制公式。选中 E11 单元格，按【Ctrl+V】

组合键粘贴公式，即可将公式粘贴至 E11 单元格，效果如下图所示。

E11   =D11*11%

	B	C	D	E	F
1	员工姓名	入职日期	基本工资	五险一金	
2	张XX	2007/1/20	¥6,500.0	¥715.0	
3	王XX	2008/5/10	¥5,800.0		
4	李XX	2008/6/25	¥5,800.0		
5	赵XX	2010/2/3	¥5,000.0		
6	钱XX	2010/8/5	¥4,800.0		
7	孙XX	2012/4/20	¥4,200.0		
8	李XX	2013/10/20	¥4,000.0		
9	胡XX	2014/6/5	¥3,800.0		
10	马XX	2014/7/20	¥3,600.0		
11	刘XX	2015/6/20	¥3,200.0	¥352.0	
12					

第4步 使用同样的方法，可以将公式粘贴至其余单元格，如下图所示。

	B	C	D	E
1	员工姓名	入职日期	基本工资	五险一金
2	张XX	2007/1/20	¥6,500.0	¥715.0
3	王XX	2008/5/10	¥5,800.0	¥638.0
4	李XX	2008/6/25	¥5,800.0	¥638.0
5	赵XX	2010/2/3	¥5,000.0	¥550.0
6	钱XX	2010/8/5	¥4,800.0	¥528.0
7	孙XX	2012/4/20	¥4,200.0	¥462.0
8	李XX	2013/10/20	¥4,000.0	¥440.0
9	胡XX	2014/6/5	¥3,800.0	¥418.0
10	马XX	2014/7/20	¥3,600.0	¥396.0
11	刘XX	2015/6/20	¥3,200.0	¥352.0

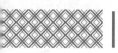

 7.3 单元格的引用

单元格的引用分为绝对引用、相对引用和混合引用 3 种，掌握单元格的引用会为制作企业员工工资明细表提供很大帮助。

7.3.1 重点：相对引用和绝对引用

① 相对引用：引用格式形如 "A1"，是当引用单元格的公式被复制时，新公式引用单元格的位置将会发生改变。例如，在A1:A5 单元格区域中输入数值 "1，2，3，4，5" 后，再在 B1 单元格中输入公式 "=A1+3"，当将 B1 单元格中的公式分别复制到 B2:B5 单元格区域时，会发现 B2:B5 单元格区域中的结果为左侧单元格的数值加上 3，如下图所示。

② 绝对引用：引用格式形如 "$A$1"，这种对单元格引用的方式是完全绝对的，即一旦成为绝对引用，无论公式如何被复制，对采用绝对引用的单元格的引用位置是不会改变的。例如，在 B1 单元格中输入公式 "=$A$1+3"，然后将 B1 单元格中的公式分别复制到 B2:B5 单元格区域，则会发现B2:B5 单元格区域中的结果均等于 A1 单元格的数值加上 3，如下图所示。

B1	▼	:	×	✓	f_x	=A1+3	
◢	A	B	C	D	E	
1	1	4				
2	2	5				
3	3	6				
4	4	7				
5	5	8				
6						
7						

B1	▼	:	×	✓	f_x	=$A$1+3	
◢	A	B	C	D	E	
1	1	4				
2	2	4				
3	3	4				
4	4	4				
5	5	4				
6						
7						

7.3.2 重点：混合引用

混合引用的引用格式形如 "$A1" 或 "A$1"，指具有绝对列和相对行，或者指具有绝对行和相对列的引用。绝对引用列采用 $A1、$B1 等形式，绝对引用行采用 A$1、B$1 等形式。如果公式所在单元格的位置改变，则相对引用改变，而绝对引用不变；如果多行或多列地复制公式，则相对引用自动调整，而绝对引用不做调整。

例如，在 A1:A5 单元格区域中输入数值 "1，2，3，4，5"，然后在 B1:B5 单元格区域中输入数值 "2，4，6，8，10"，在 D1:D5 单元格区域中输入数值 "3，4，5，6，7"，在 C1 单元格中输入公式 "=$A1+B$1"。

将 C1 单元格中的公式分别复制到 C2:C5 单元格区域，则会发现 C2:C5 单元格区域中的结果均等于 A 列单元格的数值加上 B1 单元格的数值，如下图所示。

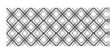

C1		× ✓ fx	=$A1+B$1	
	A	B	C	D
1	1	2	3	3
2	2	4	4	4
3	3	6	5	5
4	4	8	6	6
5	5	10	7	7
6				
7				

将 C1 单元格中的公式分别复制到 E1:E5

单元格区域，则会发现 E1:E5 单元格区域中的结果均等于 A 列单元格的数值加上 D1 单元格的数值，如下图所示。

E1		× ✓ fx	=$A1+D$1		
	A	B	C	D	E
1	1	2	3	3	4
2	2	4	4	4	5
3	3	6	5	5	6
4	4	8	6	6	7
5	5	10	7	7	8
6					
7					

7.3.3 重点：使用引用

灵活地使用引用可以更快地完成函数的输入，提高数据处理的速度和准确度。使用引用的方法有很多种，选择适合的方法可以达到最佳的效果。

1. 输入引用地址

在使用引用单元格较少的公式时，可以使用直接输入引用地址的方法，例如，输入公式 "=A14+2"，如下图所示。

MAX		× ✓ fx	=A14+2	
	A	B	C
13			
14	11	=A14+2	
15			
16			
17			
18			
19			
20			
21			
22			
23			
24			

工资表　员工基本信息　销售奖金

2. 提取引用地址

在输入公式的过程中，需要输入单元格或单元格区域时，可以单击单元格或选中单元格区域，如下图所示。

D2		× ✓ fx	=SUM(D2:D11)
	A	B	C	D
1	员工编号	员工姓名	入职日期	基本工资
2	101001	张XX	2007-1-20	¥6,500.0
3	101002	王XX	2008-5-10	¥5,800.0
4	101003	李XX	2008-6-25	¥5,800.0
5	101004	赵XX	2010-2-3	¥5,000.0
6	101005	钱XX	2010-8-5	¥4,800.0
7	101006	孙XX	2012-4-20	¥4,200.0
8	101007	李XX	2013-10-20	¥4,000.0
9	101008	胡XX	2014-6-5	¥3,800.0
10	101009	马XX	2014-7-20	¥3,600.0
11	101010	刘XX	2015-6-20	¥3,200.0
12				=SUM(D2:D11)
13				

3. 使用【折叠】按钮输入引用地址

使用【折叠】按钮输入引用地址的具体操作步骤如下。

第1步 选择"员工基本信息"工作表，选中 F1 单元格。单击编辑栏左侧的【插入函数】按钮 fx，在弹出的【插入函数】对话框中选择【选择函数】列表框中的【MAX】函数，单击【确定】按钮，如下图所示。

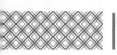
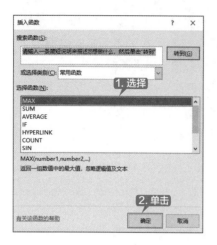

第2步 弹出【函数参数】对话框，单击【Number1】文本框右侧的【折叠】按钮，如下图所示。

第3步 在表格中选中需要处理的单元格区域，单击【展开】按钮，如下图所示。

第4步 返回【函数参数】对话框，可以看到选定的单元格区域，单击【确定】按钮，如下图所示。

第5步 即可得出最高的基本工资数额，并显示在插入函数的单元格中，如下图所示。

	A	B	C	D	E	F
1	员工编号	员工姓名	入职日期	基本工资	五险一金	¥6,500.0
2	101001	张XX	2007/1/20	¥6,500.0	¥715.0	
3	101002	王XX	2008/5/10	¥5,800.0	¥638.0	
4	101003	李XX	2008/6/25	¥5,800.0	¥638.0	
5	101004	赵XX	2010/2/3	¥5,000.0	¥550.0	
6	101005	钱XX	2010/8/5	¥4,800.0	¥528.0	
7	101006	孙XX	2012/4/20	¥4,200.0	¥462.0	
8	101007	李XX	2013/10/20	¥4,000.0	¥440.0	
9	101008	胡XX	2014/6/5	¥3,800.0	¥418.0	
10	101009	马XX	2014/7/20	¥3,600.0	¥396.0	
11	101010	刘XX	2015/6/20	¥3,200.0	¥352.0	

7.4 名称的定义与使用

为单元格或单元格区域定义名称，可以方便对该单元格或单元格区域进行查找和引用，在数据繁多的工资明细表中可以发挥很大作用。

7.4.1 定义名称

名称是代表单元格、单元格区域、公式或常量值的单词或字符串，它在使用范围内必须保持唯一，也可以在不同的范围中使用同一个名称。如果要引用工作簿中相同的名称，则需要在名称之前加上工作簿名。

1. 为单元格命名

选中"销售奖金表"工作表中的 G3 单元格，在编辑栏的名称框中输入"最高销售额"，按【Enter】键确认，即可完成为单元格命名的操作，如下图所示。

|提示|

为单元格命名时必须遵守以下几点规则。

① 名称中的第 1 个字符必须是字母、汉字、下画线或反斜杠，其余字符可以是字母、汉字、数字、点和下画线。

② 不能将"C"和"R"的大小写字母作为定义的名称。在名称框中输入这些字母时，会将它们作为当前单元格选择行或列的表示法。例如，选中 A2 单元格，在名称框中输入"R"，按【Enter】键，光标将定位到工作表的第 2 行上。

③ 不允许与单元格引用相同。名称不能与单元格引用相同（例如，不能将单元格命名为"Z12"或"R1C1"）。如果将 A2 单元格命名为"Z12"，按【Enter】键，光针将定位到"Z12"单元格中。

④ 不允许使用空格。如果要将名称中的单词分开，可以使用下画线或句点作为分隔符。例如，选择一个单元格，在名称框中输入"单元格"，按【Enter】键，则会弹出错误提示框。

⑤ 一个名称最多可以包含 255 个字符。Excel 名称不区分大小写字母。例如，在 A2 单元格中创建了名称 Smase，在 B2 单元格名称框中输入"SMASE"，确认后则会回到 A2 单元格中，而不能创建 B2 单元格的名称。

2. 为单元格区域命名

为单元格区域命名有以下几种方法。

（1）在名称框中直接输入

选择"销售奖金表"工作表，选中 C2:C11 单元格区域。在名称框中输入"销售额"文本，按【Enter】键，即可完成对该单元格区域的命名，如下图所示。

员工编号	员工姓名	销售额	奖金比例	奖金
101001	张XX	¥48,000.0		
101002	王XX	¥38,000.0		
101003	李XX	¥52,000.0		
101004	赵XX	¥45,000.0		
101005	钱XX	¥45,000.0		
101006	孙XX	¥62,000.0		
101007	李XX	¥30,000.0		
101008	胡XX	¥34,000.0		
101009	马XX	¥24,000.0		
101010	刘XX	¥8,000.0		

（2）使用【新建名称】对话框

使用【新建名称】对话框为单元格区域命名的具体操作步骤如下。

第1步 选择"销售奖金表"工作表，选中 D2:D11 单元格区域。单击【公式】选项卡下【定义的名称】组中的【定义名称】按钮 定义名称，如下图所示。

第2步 弹出【新建名称】对话框，在【名称】文本框中输入"奖金比例"，单击【确定】按钮，即可定义该单元格区域名称，如下图所示。

第3步 命名后的效果如下图所示。

	A	B	C	D
	奖金比例			
1	员工编号	员工姓名	销售额	奖金比例
2	101001	张XX	¥48,000.0	
3	101002	王XX	¥38,000.0	
4	101003	李XX	¥52,000.0	
5	101004	赵XX	¥45,000.0	
6	101005	钱XX	¥45,000.0	
7	101006	孙XX	¥62,000.0	
8	101007	李XX	¥30,000.0	
9	101008	胡XX	¥34,000.0	
10	101009	马XX	¥24,000.0	
11	101010	刘XX	¥8,000.0	

（3）用数据标签命名

工作表（或选定区域）的首行或每行的最左列通常含有标签以描述数据。若一个表格本身没有行标题和列标题，则可将这些选定的行和列标签转换为名称，具体操作步骤如下。

第1步 选择"员工基本信息"工作表，选中 C1:C11 单元格区域。单击【公式】选项卡下【定义的名称】组中的【根据所选内容创建】按钮 根据所选内容创建，如下图所示。

第2步 在弹出的【根据所选内容创建名称】对话框中选中【首行】复选框，然后单击【确定】按钮，如下图所示。

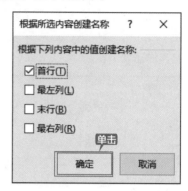

第3步 即可为单元格区域命名。在名称框中输入"入职日期"，按【Enter】键即可自动选中 C2:C11 单元格区域，如下图所示。

	A	B	C
	入职日期		2007/1/20
1	员工编号	员工姓名	入职日期
2	101001	张XX	2007/1/20
3	101002	王XX	2008/5/10
4	101003	李XX	2008/6/25
5	101004	赵XX	2010/2/3
6	101005	钱XX	2010/8/5
7	101006	孙XX	2012/4/20
8	101007	李XX	2013/10/20
9	101008	胡XX	2014/6/5
10	101009	马XX	2014/7/20
11	101010	刘XX	2015/6/20

7.4.2 应用名称

为单元格、单元格区域定义好名称后，就可以在工作表中使用了，具体操作步骤如下。

第1步 选择"员工基本信息"工作表，将E2和E11单元格分别命名为"最高缴纳额"和"最低缴纳额"，单击【公式】选项卡下【定义的名称】组中的【名称管理器】按钮，如下图所示。

择【粘贴名称】选项，如下图所示。

第2步 弹出【名称管理器】对话框，可以看到定义的名称，单击【关闭】按钮，如下图所示。

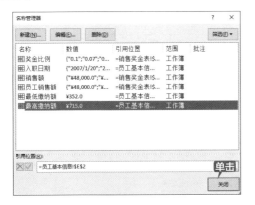

第4步 弹出【粘贴名称】对话框，在【粘贴名称】列表框中选择【最高缴纳额】选项，单击【确定】按钮，如下图所示。

第5步 即可看到单元格中出现公式"=最高缴纳额"，如下图所示。

第3步 关闭【名称管理器】对话框，选择一个空白单元格，这里选择G3单元格。单击【公式】选项卡下【定义的名称】组中的【用于公式】按钮，在弹出的下拉列表中选

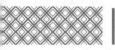
如下图所示。

	基本工资	五险一金	F	G
	¥6,500.0	¥715.0		
	¥5,800.0	¥638.0		715
	¥5,800.0	¥638.0		
	¥5,000.0	¥550.0		
	¥4,800.0	¥528.0		
	¥4,200.0	¥462.0		

fx =最高缴纳额

第6步 按【Enter】键，即可将名称为"最高缴纳额"的单元格数据显示在 G3 单元格中，

7.5 使用函数计算工资

制作企业员工工资明细表需要运用很多种类型的函数，这些函数为数据处理提供了很大帮助。

7.5.1 重点：使用文本函数提取员工信息

员工的信息是工资表中必不可少的一项信息，逐个输入不仅浪费时间且容易出现错误，文本函数则很擅长处理这种字符串类型的数据。使用文本函数可以快速准确地将员工信息输入工资表中，具体操作步骤如下。

第1步 选择"工资表"工作表，选中 B2 单元格，在编辑栏中输入公式"=TEXT(员工基本信息 !A2,0)"，如下图所示。

提示

公式"=TEXT(员工基本信息 !A2,0)"用于显示"员工基本信息"工作表中 A2 单元格的工号。

第2步 按【Enter】键确认，即可将"员工基本信息"工作表中相应单元格的工号引用在 B2 单元格中，如下图所示。

第3步 使用快速填充功能可以将公式填充在 B3：B11 单元格区域中，效果如下图所示。

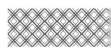

第4步 选中 C2 单元格，在编辑栏中输入公式"=TEXT(员工基本信息 !B2,0)"，如下图所示。

	A	B	C	D
1	编号	员工编号	员工姓名	工龄
2	1	101001	=TEXT(员工基本信息!B2,0)	
3	2	101002		
4	3	101003		
5	4	101004		
6	5	101005		
7	6	101006		

| 提示 |

公式"=TEXT(员工基本信息 !B2,0)"用于显示"员工基本信息"工作表中 B2 单元格的员工姓名。

第5步 按【Enter】键确认，即可将员工姓名填充在单元格中，如下图所示。

C2   =TEXT(员工基本信息!B2,0)

	A	B	C	D
1	编号	员工编号	员工姓名	工龄
2	1	101001	张XX	
3	2	101002		
4	3	101003		
5	4	101004		
6	5	101005		

第6步 使用快速填充功能可以将公式填充在 C3：C11 单元格区域中，效果如下图所示。

C2   =TEXT(员工基本信息!B2,0)

	A	B	C	D	E	F
1	编号	员工编号	员工姓名	工龄	工龄工资	应发工资
2	1	101001	张XX			
3	2	101002	王XX			
4	3	101003	李XX			
5	4	101004	赵XX			
6	5	101005	钱XX			
7	6	101006	孙XX			
8	7	101007	李XX			
9	8	101008	胡XX			
10	9	101009	马XX			
11	10	101010	刘XX			

就绪   计数：10   100%

7.5.2 重点：使用日期与时间函数计算工龄

员工的工龄是计算员工工龄工资的依据。使用日期函数可以很准确地计算出员工的工龄，根据工龄即可计算出工龄工资，具体操作步骤如下。

第1步 选择"工资表"工作表，选中 D2 单元格，输入公式"=DATEDIF(员工基本信息 !C2,TODAY(),"y")"，如下图所示。

LET   =DATEDIF(员工基本信息!C2,TODAY(),"y")

	A	B	C	D	E
1	编号	员工编号	员工姓名	工龄	工龄工资
2	1	101001	张XX	=DATEDIF(...)"y")	
3	2	101002	王XX		
4	3	101003	李XX		
5	4	101004	赵XX		
6	5	101005	钱XX		
7	6	101006	孙XX		
8	7	101007	李XX		
9	8	101008	胡XX		

| 提示 |

公式"=DATEDIF(员工基本信息 !C2,TODAY(),"y")"用于计算员工的工龄。

第2步 按【Enter】键确认，即可得出员工的工龄，如下图所示。

D2   =DATEDIF(员工基本信息!C2,TODAY(),"y")

	A	B	C	D	E	F
1	编号	员工编号	员工姓名	工龄	工龄工资	应发工资
2	1	101001	张XX	14		
3	2	101002	王XX			
4	3	101003	李XX			
5	4	101004	赵XX			
6	5	101005	钱XX			
7	6	101006	孙XX			
8	7	101007	李XX			
9	8	101008	胡XX			
10	9	101009	马XX			
11	10	101010	刘XX			

工资表 员工基本信息 销售奖金表 业绩奖金标准

第3步 使用快速填充功能可快速计算出其余员工的工龄，效果如下图所示。

D2   =DATEDIF(员工基本信息!C2,TODAY(),"y")

	A	B	C	D	E	F
1	编号	员工编号	员工姓名	工龄	工龄工资	应发工资
2	1	101001	张XX	14		
3	2	101002	王XX	13		
4	3	101003	李XX	13		
5	4	101004	赵XX	11		
6	5	101005	钱XX	11		
7	6	101006	孙XX	9		
8	7	101007	李XX	8		
9	8	101008	胡XX	7		
10	9	101009	马XX	7		
11	10	101010	刘XX	6		

工资表 员工基本信息 销售奖金表 业绩奖金标准

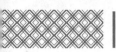

第4步 选中 E2 单元格，输入公式"=D2*100"，如下图所示。

LET		× ✓ fx	=D2*100	
	A	B	C	D	E
1	编号	员工编号	员工姓名	工龄	工龄工资
2	1	101001	张XX	14	=D2*100
3	2	101002	王XX	13	
4	3	101003	李XX	13	
5	4	101004	赵XX	11	
6	5	101005	钱XX	11	
7	6	101006	孙XX	9	
8	7	101007	李XX	8	
9	8	101008	胡XX	7	

第5步 按【Enter】键确认，即可计算出对应员工的工龄工资，如下图所示。

E2		× ✓ fx	=D2*100		
	A	B	C	D	E	F
1	编号	员工编号	员工姓名	工龄	工龄工资	应发工资
2	1	101001	张XX	14	¥1,400.0	
3	2	101002	王XX	13		
4	3	101003	李XX	13		
5	4	101004	赵XX	11		
6	5	101005	钱XX	11		
7	6	101006	孙XX	9		
8	7	101007	李XX	8		
9	8	101008	胡XX	7		
10	9	101009	马XX	7		
11	10	101010	刘XX	6		

工资表　员工基本信息　销售奖金表　业绩奖金标准 〈…⊕

第6步 使用快速填充功能可快速计算出其余员工的工龄工资，效果如下图所示。

	A	B	C	D	E	F
1	编号	员工编号	员工姓名	工龄	工龄工资	应发工资
2	1	101001	张XX	14	¥1,400.0	
3	2	101002	王XX	13	¥1,300.0	
4	3	101003	李XX	13	¥1,300.0	
5	4	101004	赵XX	11	¥1,100.0	
6	5	101005	钱XX	11	¥1,100.0	
7	6	101006	孙XX	9	¥900.0	
8	7	101007	李XX	8	¥800.0	
9	8	101008	胡XX	7	¥700.0	
10	9	101009	马XX	7	¥700.0	
11	10	101010	刘XX	6	¥600.0	

工资表　员工基本信息　销售奖金表　业绩奖金标准 ↑…⊕

7.5.3 重点：使用逻辑函数计算业绩提成奖金

业绩奖金是企业员工工资的重要构成部分，根据员工的业绩划分为几个等级，每个等级奖金的奖金比例也不同。逻辑函数可以用来进行复合检验，因此很适合计算这种类型的数据，具体操作步骤如下。

第1步 切换至"销售奖金表"工作表，选中 D2 单元格，输入公式"=HLOOKUP(C2,业绩奖金标准!$B$2:$F$3,2)"，如下图所示。

LET		× ✓ fx	=HLOOKUP(C2,业绩奖金标准!$B$2:$F$3,2)		
	A	B	C	D	E	F
1	员工编号	员工姓名	销售额	奖金比例	奖金	
2	101001	张XX	¥48,000.0	$3,2)		销
3	101002	王XX	¥38,000.0			
4	101003	李XX	¥52,000.0			
5	101004	赵XX	¥45,000.0			
6	101005	钱XX	¥45,000.0			
7	101006	孙XX	¥62,000.0			
8	101007	李XX	¥30,000.0			
9	101008	胡XX	¥34,000.0			
10	101009	马XX	¥24,000.0			
11	101010	刘XX	¥8,000.0			

工资表　员工基本信息　销售奖金表　业绩奖金标准 ↑…⊕

| 提示 |

HLOOKUP 函数是 Excel 中的横向查找函数，公式"=HLOOKUP(C2,业绩奖金标准!$B$2:$F$3,2)"中第 3 个参数设置为"2"，表示取满足条件的记录在"业绩奖金标准!$B$2:$F$3"区域中第 2 行的值。

第2步 按【Enter】键确认，即可得出奖金比例，如下图所示。

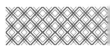

第3步 使用快速填充功能将公式填充到其余单元格，效果如下图所示。

第4步 选中 E2 单元格，输入公式"=IF(C2<50000,C2*D2,C2*D2+500)"，如下图所示。

> **| 提示 |**
>
> IF 函数是 Excel 中的逻辑函数，执行真假值判断，根据逻辑计算的真假值，返回不同的结果。可以使用 IF 函数对数值和公式进行条件检测。公式"=IF(C2<50000,C2*D2,C2*D2+500)"表示当单月销售额大于 50000 元时，给予 500 元奖励。

第5步 按【Enter】键确认，即可计算出该员工的奖金数额，如下图所示。

第6步 使用快速填充功能得出其余员工的奖金数额，效果如下图所示。

7.5.4 使用查找与引用函数计算个人所得税

个人所得税根据个人收入的不同实行阶梯形式的征收方式，因此直接计算比较复杂。而在 Excel 中，这类问题可以使用查找与引用函数来解决。

1. 计算应发工资

计算应发工资的具体操作步骤如下。

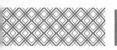
第1步 切换至"工资表"工作表，选中F2单元格，输入公式"=员工基本信息!D2-员工基本信息!E2+工资表!E2+销售奖金表!E2"，如下图所示。

	D	E	F	G	H
1	工龄	工龄工资	应发工资	个人所得税	实发工资
2	=员工基本信息!D2-员工基本信息!E2+工资表!E2+销售奖金表!E2				
3	13	¥1,300.0			
4	13	¥1,300.0			
5	11	¥1,100.0			
6	11	¥1,100.0			
7	9	¥900.0			
8	8	¥800.0			
9	7	¥700.0			
10	7	¥700.0			
11	6	¥600.0			

第2步 按【Enter】键确认，即可计算出该员工的应发工资数额，如下图所示。

	D	E	F	G	H
1	工龄	工龄工资	应发工资	个人所得税	实发工资
2	14	¥1,400.0	¥11,985.0		
3	13	¥1,300.0			
4	13	¥1,300.0			
5	11	¥1,100.0			
6	11	¥1,100.0			
7	9	¥900.0			
8	8	¥800.0			
9	7	¥700.0			
10	7	¥700.0			
11	6	¥600.0			

第3步 使用快速填充功能得出其余员工的应发工资数额，效果如下图所示。

	D	E	F	G	H
1	工龄	工龄工资	应发工资	个人所得税	实发工资
2	14	¥1,400.0	¥11,985.0		
3	13	¥1,300.0	¥9,122.0		
4	13	¥1,300.0	¥14,762.0		
5	11	¥1,100.0	¥10,050.0		
6	11	¥1,100.0	¥9,872.0		
7	9	¥900.0	¥14,438.0		
8	8	¥800.0	¥6,460.0		
9	7	¥700.0	¥6,462.0		
10	7	¥700.0	¥4,624.0		
11	6	¥600.0	¥3,448.0		

■ 2. 计算个人所得税

计算个人所得税的具体操作步骤如下。

第1步 计算员工"张××"的个人所得税数额，

选中G2单元格，输入公式"=VLOOKUP(B2,个人所得税表!$A$3:$C$12,3,0)"，如下图所示。

	D	E	F	G	H	I
1	工龄	工龄工资	应发工资	个人所得税	实发工资	
2	14	¥1,400.0	¥11,985.0	3:$C$12,3,0)		
3	13	¥1,300.0	¥9,122.0			
4	13	¥1,300.0	¥14,762.0			
5	11	¥1,100.0	¥10,050.0			
6	11	¥1,100.0	¥9,872.0			
7	9	¥900.0	¥14,438.0			
8	8	¥800.0	¥6,460.0			
9	7	¥700.0	¥6,462.0			
10	7	¥700.0	¥4,624.0			
11	6	¥600.0	¥3,448.0			

> **提示**
>
> 公式"=VLOOKUP(B2,个人所得税表!$A$3:$C$12,3,0)"是指在"个人所得税表"工作表的A3:C12单元格区域中查找G3单元格的值。其中，3表示返回查找区域的第3列，0表示精确查找。

第2步 按【Enter】键确认，即可得出员工"张××"应缴纳的个人所得税数额，如下图所示。

	D	E	F	G	H	I
1	工龄	工龄工资	应发工资	个人所得税	实发工资	
2	14	¥1,400.0	¥11,985.0	¥488.50		
3	13	¥1,300.0	¥9,122.0			
4	13	¥1,300.0	¥14,762.0			
5	11	¥1,100.0	¥10,050.0			
6	11	¥1,100.0	¥9,872.0			
7	9	¥900.0	¥14,438.0			
8	8	¥800.0	¥6,460.0			
9	7	¥700.0	¥6,462.0			
10	7	¥700.0	¥4,624.0			
11	6	¥600.0	¥3,448.0			

第3步 使用快速填充功能将公式填充到其余单元格，得出其余员工应缴纳的个人所得税数额，效果如下图所示。

	D	E	F	G	H	I
1	工龄	工龄工资	应发工资	个人所得税	实发工资	
2	14	¥1,400.0	¥11,985.0	¥488.50		
3	13	¥1,300.0	¥9,122.0	¥202.20		
4	13	¥1,300.0	¥14,762.0	¥766.20		
5	11	¥1,100.0	¥10,050.0	¥295.20		
6	11	¥1,100.0	¥9,872.0	¥722.60		
7	9	¥900.0	¥14,438.0	¥542.50		
8	8	¥800.0	¥6,460.0	¥281.20		
9	7	¥700.0	¥6,462.0	¥95.60		
10	7	¥700.0	¥4,624.0	¥156.30		
11	6	¥600.0	¥3,448.0	¥241.60		

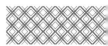

7.5.5 重点：使用统计函数计算个人实发工资和最高销售额

统计函数作为专门进行统计分析的函数，可以很快地在工作表中找到相应数据。

1. 计算实发工资

企业员工工资明细表最重要的一项就是员工的实发工资数额。计算实发工资的具体操作步骤如下。

第1步 选中 H2 单元格，输入公式"=F2-G2"，如下图所示。

	E	F	G	H
1	工龄工资	应发工资	个人所得税	实发工资
2	¥1,400.0	¥11,985.0	¥488.50	=F2-G2
3	¥1,300.0	¥9,122.0	¥202.20	
4	¥1,300.0	¥14,762.0	¥766.20	
5	¥1,100.0	¥10,050.0	¥295.20	
6	¥1,100.0	¥9,872.0	¥722.60	
7	¥900.0	¥14,438.0	¥542.50	
8	¥800.0	¥6,460.0	¥281.20	
9	¥700.0	¥6,462.0	¥95.60	
10	¥700.0	¥4,624.0	¥156.30	

第2步 按【Enter】键确认，即可得出员工"张××"的实发工资数额，如下图所示。

	E	F	G	H
1	工龄工资	应发工资	个人所得税	实发工资
2	¥1,400.0	¥11,985.0	¥488.50	¥11,496.5
3	¥1,300.0	¥9,122.0	¥202.20	
4	¥1,300.0	¥14,762.0	¥766.20	
5	¥1,100.0	¥10,050.0	¥295.20	
6	¥1,100.0	¥9,872.0	¥722.60	
7	¥900.0	¥14,438.0	¥542.50	
8	¥800.0	¥6,460.0	¥281.20	
9	¥700.0	¥6,462.0	¥95.60	
10	¥700.0	¥4,624.0	¥156.30	

第3步 使用快速填充功能将公式填充到其余单元格，得出其余员工的实发工资数额，效果如下图所示。

	E	F	G	H
1	工龄工资	应发工资	个人所得税	实发工资
2	¥1,400.0	¥11,985.0	¥488.50	¥11,496.5
3	¥1,300.0	¥9,122.0	¥202.20	¥8,919.8
4	¥1,300.0	¥14,762.0	¥766.20	¥13,995.8
5	¥1,100.0	¥10,050.0	¥295.20	¥9,754.8
6	¥1,100.0	¥9,872.0	¥722.60	¥9,149.4
7	¥900.0	¥14,438.0	¥542.50	¥13,895.5
8	¥800.0	¥6,460.0	¥281.20	¥6,178.8
9	¥700.0	¥6,462.0	¥95.60	¥6,366.4
10	¥700.0	¥4,624.0	¥156.30	¥4,467.7
11	¥600.0	¥3,448.0	¥241.60	¥3,206.4

2. 计算最高销售额

公司会对业绩突出的员工进行表彰，因此需要在众多销售数据中找出最高的销售额并找到对应的员工，具体操作步骤如下。

第1步 选择"销售奖金表"工作表，选中 G3 单元格，单击编辑栏左侧的【插入函数】按钮 *fx*，如下图所示。

	E	F	G	H	I
1	奖金		最高销售业绩		
2	¥4,800.0		销售额	姓名	
3	¥2,660.0				
4	¥8,300.0				
5	¥4,500.0				
6	¥4,500.0				
7	¥9,800.0				
8	¥2,100.0				
9	¥2,380.0				
10	¥720.0				

第2步 弹出【插入函数】对话框，在【选择函数】列表框中选择【MAX】函数，单击【确定】按钮，如下图所示。

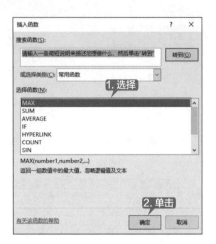

第3步 弹出【函数参数】对话框，在【Number1】文本框中输入"销售额"，单击【确定】按钮，如下图所示。

第4步 即可找出最高销售额并显示在 G3 单元格中，如下图所示。

	销售额	奖金比例	奖金		最高销售
1					
2	¥48,000.0	0.1	¥4,800.0		销售额
3	¥38,000.0	0.07	¥2,660.0		¥62,000.0
4	¥52,000.0	0.15	¥8,300.0		
5	¥45,000.0	0.1	¥4,500.0		
6	¥45,000.0	0.1	¥4,500.0		
7	¥62,000.0	0.15	¥9,800.0		
8	¥30,000.0	0.07	¥2,100.0		
9	¥34,000.0	0.07	¥2,380.0		
10	¥24,000.0	0.03	¥720.0		
11	¥8,000.0		¥0.0		

第5步 选中 H3 单元格，输入公式"=INDEX(B2:B11,MATCH(G3,C2:C11,))"，如下图所示。

第6步 按【Enter】键确认，即可显示最高销售额对应的员工姓名，如下图所示。

提示

公式"=INDEX(B2:B11,MATCH(G3,C2:C11,))"的含义为 G3 单元格的值与 C2:C11 单元格区域的值匹配时，返回 B2:B11 单元格区域中对应的值。

7.6 使用 VLOOKUP、COLUMN 函数批量制作工资条

工资条是发放给员工的工资凭证，可以使员工知道自己工资的详细发放情况。制作工资条的具体操作步骤如下。

第1步 新建工作表，并将其命名为"员工工资条"，选中"员工工资条"工作表中的A1:H1单元格区域，将其合并，然后输入"员工工资条"，并设置其【字体】为【等线】、【字号】为【20】，效果如下图所示。

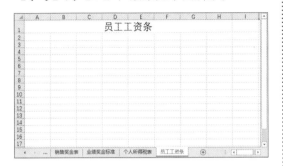

第2步 在A2:H2单元格区域中输入下图所示的文字，设置【对齐方式】为【居中对齐】，并设置【加粗】效果。在A3单元格中输入序号"1"，适当调整列宽，然后在B3单元格中输入公式"=VLOOKUP($A3,工资表!$A$2:$H$11,COLUMN(),0)"，如下图所示。

| 提示 |

公式"=VLOOKUP($A3,工资表!$A$2:$H$11,COLUMN(),0)"是指在"工资表"工作表的A2:H11单元格区域中查找A3单元格的值。其中，COLUMN()用来计数，0表示精确查找。

第3步 按【Enter】键确认，即可引用员工编号至B3单元格中，如下图所示。

第4步 使用快速填充功能可以将公式填充在C3:H3单元格区域中，即可引用其余项目至对应单元格中，效果如下图所示。

第5步 选中A2:H3单元格区域，单击【开始】选项卡下【字体】组中的【边框】按钮，在弹出的下拉列表中选择【所有框线】选项，为所选单元格区域添加框线，并设置单元格区域居中显示，效果如下图所示。

第6步 选中A2:H4单元格区域，将鼠标指针放在H4单元格框线右下角，待鼠标指针变为+形状时，按住鼠标左键，拖动鼠标至H31单元格，即可自动填充其余员工的工资条，并根据需要调整列宽，效果如下图所示。

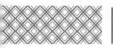

至此，企业员工工资明细表就制作完成了。

制作公司年度开支凭证明细表

公司年度开支凭证明细表是对公司一年内费用支出的归纳和汇总，工作簿中包含多个项目的开支情况。对年度开支情况进行详细的处理和分析有利于对公司本阶段工作的总结，对公司更好地做出下一阶段的规划有很重要的作用。公司年度开支凭证明细表数据繁多，需要使用多个函数进行处理，可以按以下思路进行。

1. 计算工资支出

使用求和函数对"工资支出"工作表中每月的工资数额进行汇总，以便分析公司每月的工资发放情况，如下图所示。

2. 调用"工资支出"工作表中的数据

使用 VLOOKUP 函数调用"工资支出"工作表中的数据，完成对"开支凭证明细表"工作表中工资发放情况的统计，如下图所示。

3. 调用"其他支出"工作表中的数据

使用 VLOOKUP 函数调用"其他支出"工作表中的数据，完成对"开支凭证明细表"工作表中其他项目开支情况的统计，如下图所示。

4. 统计每月支出

使用求和函数对每月的支出情况进行汇总，得出每月的总支出，如下图所示。

月份	工资支出	招待费用	差旅费用	公车费用	办公用品费用	员工福利费用	房租费用	其他	合计
1月	¥35,700.0	¥15,000.0	¥4,000.0	¥1,200.0	¥800.0	¥0.0	¥9,000.0	¥0.0	¥65,700.0
2月	¥36,800.0	¥15,000.0	¥6,000.0	¥2,500.0	¥800.0	¥6,000.0	¥9,000.0	¥0.0	¥76,100.0
3月	¥36,700.0	¥15,000.0	¥3,500.0	¥1,200.0	¥800.0	¥0.0	¥9,000.0	¥800.0	¥67,000.0
4月	¥35,600.0	¥15,000.0	¥4,000.0	¥4,000.0	¥800.0	¥0.0	¥9,000.0	¥0.0	¥68,400.0
5月	¥34,600.0	¥15,000.0	¥4,800.0	¥1,200.0	¥800.0	¥0.0	¥9,000.0	¥0.0	¥65,400.0
6月	¥35,100.0	¥15,000.0	¥6,200.0	¥800.0	¥800.0	¥4,000.0	¥9,000.0	¥0.0	¥70,900.0
7月	¥35,800.0	¥15,000.0	¥4,000.0	¥1,200.0	¥800.0	¥0.0	¥9,000.0	¥1,500.0	¥67,300.0
8月	¥35,700.0	¥15,000.0	¥1,500.0	¥1,200.0	¥800.0	¥0.0	¥9,000.0	¥1,600.0	¥64,800.0
9月	¥36,500.0	¥15,000.0	¥4,000.0	¥3,200.0	¥800.0	¥4,000.0	¥9,000.0	¥0.0	¥72,500.0
10月	¥35,800.0	¥15,000.0	¥3,800.0	¥1,200.0	¥800.0	¥0.0	¥9,000.0	¥0.0	¥65,600.0
11月	¥36,500.0	¥15,000.0	¥3,000.0	¥1,500.0	¥800.0	¥0.0	¥9,000.0	¥0.0	¥65,800.0
12月	¥36,500.0	¥15,000.0	¥1,000.0	¥1,200.0	¥800.0	¥25,000.0	¥9,000.0	¥5,000.0	¥93,500.0

◇ 使用邮件合并批量制作工资条

企业员工工资明细表制作完成后，如果需要将每位员工的工资条单独显示，你会怎么做呢？如果一个一个复制粘贴，不仅效率低，还容易出错。下面介绍使用邮件合并高效地批量制作工资条。

第1步 打开"素材\ch07\员工工资条.docx"文件，单击【邮件】选项卡下【开始邮件合并】组中的【选择收件人】按钮 ，在弹出的下拉列表中选择【使用现有列表】选项，如下图所示。

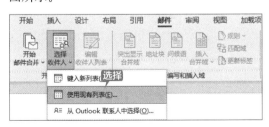

第2步 弹出【选取数据源】对话框，这里选择前面创建完成的"企业员工工资明细表.xlsx"工作簿，单击【打开】按钮，如下图所示。

第3步 弹出【选择表格】对话框，选择"工资表 $"工作表，单击【确定】按钮，如下图所示。

第4步 将光标定位在"序号"下方的单元格中，单击【邮件】选项卡下【编写和插入域】组中的【插入合并域】按钮 ，在弹出的下拉

列表中选择【编号】选项，如下图所示。

第5步 即可在对应的单元格中插入域，如下图所示。

员

序号	员工编号	员工姓名	
«编号»			

第6步 使用同样的方法，在其他单元格中插入相应的域，效果如下图所示。

员工工资条
序号	员工编号	员工姓名	工龄	工龄工资	应发工资	个人所得税	实发工资
«编号»	«员工编号»	«员工姓名»	«工龄»	«工龄工资»	«应发工资»	«个人所得税»	«实发工资»

第7步 单击【邮件】选项卡下【完成】组中的【完成并合并】按钮，在弹出的下拉列表中选择【编辑单个文档】选项，如下图所示。

第8步 弹出【合并到新文档】对话框，选中【全部】单选按钮，单击【确定】按钮，如下图所示。

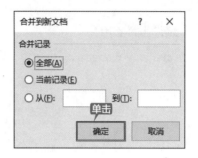

第9步 即可创建一个新文档，并显示每一位员工的工资条，效果如下图所示。

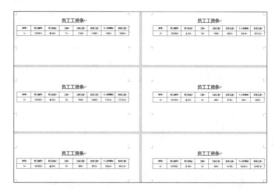

◇ 新功能：使用 XLOOKUP 函数查找员工的工资

使用 XLOOKUP 函数可以按行查找表格或区域内容，并返回同一行的另一列中的结果。

XLOOKUP 函数搜索数组或区域，然后返回对应于它找到的第一个匹配项的项。如果不存在匹配项，则 XLOOKUP 可以返回最接近（匹配）值。

语法如下：

=XLOOKUP(lookup_value, lookup_array, return_array, [if_not_found], [match_mode], [search_mode])

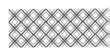

参数	说明
lookup_value 必需参数	要搜索的值 如果省略，XLOOKUP 将返回它在 lookup_array 中查找的空白 lookup_array
lookup_array 必需参数	要搜索的数组或区域
return_array 必需参数	要返回的数组或区域
[if_not_found] 可选参数	如果未找到有效的匹配项，则返回 if_not_found 的 [if_not_found] 文本 如果未找到有效的匹配项，并且缺少 [if_not_found]，则返回 #N/A
[match_mode] 可选参数	指定匹配类型 0：完全匹配。如果未找到，则返回 #N/A。这是默认选项 −1：完全匹配。如果没有找到，则返回下一个较小的项 1：完全匹配。如果没有找到，则返回下一个较大的项 2：通配符匹配，其中 *、? 和 ~ 有特殊含义
[search_mode] 可选参数	指定要使用的搜索模式 1：从第一项开始执行搜索。这是默认选项 −1：从最后一项开始执行反向搜索 2：执行依赖于 lookup_array 按升序排序的二进制搜索。如果未排序，将返回无效结果 −2：执行依赖于 lookup_array 按降序排序的二进制搜索。如果未排序，将返回无效结果

在工资表表格中，需要根据员工的编号

查找员工的工资，具体操作步骤如下。

第1步 打开"素材\ch07\XLOOKUP 函数 .xlsx"文件，选中 H3 单元格，如下图所示。

第2步 输入公式"=XLOOKUP(G3,A3：A10，D3：D10)"，如下图所示。

第3步 按【Enter】键确认，即可显示员工编号为"LM-02"的员工工资，如下图所示。

第4步 在 G3 单元格中更改编号为"LM-07"，H3 单元格的值会随之改变，如下图所示。

第**3**篇

PPT 办公应用篇

本篇主要介绍 PowerPoint 2021 中的各种操作。通过对本篇的学习，读者可以掌握 PowerPoint 2021 的基本操作和演示文稿的动画及放映设置等。

第8章

PowerPoint 2021 的基本操作

📖 本章导读

在职业生涯中，会遇到包含图片和表格的演示文稿，如公司管理培训演示文稿、企业发展战略演示文稿、产品营销推广方案等。使用 PowerPoint 2021 提供的为演示文稿应用主题、设置格式化文本、图文混排、添加数据表格、插入艺术字等功能，可以方便地对这些包含图片和表格的演示文稿进行制作。

✈ 思维导图

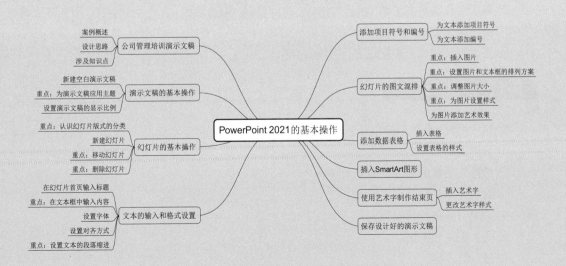

8.1 公司管理培训演示文稿

公司管理培训要根据公司内部的现有弊病及公司未来的发展方向，进行有针对性的培训，制作公司管理培训演示文稿时要简明扼要、重点突出，旨在提高管理者的管理技能。

8.1.1 案例概述

公司管理培训是一种教育活动，旨在提高管理者的管理技能，使公司能够向更好的方向持续发展。

本章以制作公司管理培训演示文稿为例，介绍演示文稿的基本操作。制作公司管理培训演示文稿时，需要注意以下几点。

1. 清楚培训的目的

一切培训活动要以提高管理者的管理技能为目的进行。

2. 简明扼要、重点突出

公司管理培训一般分为领导力培训、执行力培训、时间管理、沟通培训、职业生涯管理、团队打造等方面，制作公司管理培训演示文稿时，要注意根据公司管理者的实际情况，进行有重点的培训。

8.1.2 设计思路

制作公司管理培训演示文稿时可以按照以下思路进行。
① 新建空白演示文稿，为演示文稿应用主题。
② 依次制作领导力培训、执行力培训、时间管理、沟通培训、职业生涯管理、团队打造页面。
③ 制作结束页面。
④ 更改文字样式，美化幻灯片并保存结果。

8.1.3 涉及知识点

本案例主要涉及以下知识点。
① 应用主题。
② 幻灯片页面的添加、删除和移动。
③ 输入文本并设置文本样式。
④ 添加项目符号和编号。
⑤ 插入图片和表格。
⑥ 插入艺术字。

 8.2 演示文稿的基本操作

在制作公司管理培训演示文稿时，首先要新建空白演示文稿，并为演示文稿应用主题，以及设置演示文稿的显示比例。

8.2.1 新建空白演示文稿

启动 PowerPoint 2021 后，会提示创建什么样的演示文稿，并提供模板供用户选择，具体操作步骤如下。

第1步 启动 PowerPoint 2021 后，在打开的界面右侧选择【空白演示文稿】选项，如下图所示。

第2步 即可新建空白演示文稿，如下图所示。

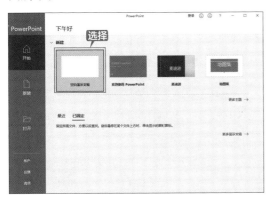

8.2.2 重点：为演示文稿应用主题

新建空白演示文稿后，用户可以为演示文稿应用主题，来满足公司管理培训演示文稿的格式要求。

1. 使用内置主题

PowerPoint 2021 内置了 31 种主题，用户可以根据需要使用这些主题，具体操作步骤如下。

第1步 单击【设计】选项卡下【主题】组右侧的【其他】按钮，在弹出的下拉列表中任选一种样式，这里选择【剪切】主题，如下图所示。

第2步 此时，主题即可应用到幻灯片中，效果如下图所示。

2. 自定义主题

如果对系统自带的主题不满意，用户可以自定义主题，具体操作步骤如下。

第1步 单击【设计】选项卡下【主题】组右侧的【其他】按钮，在弹出的下拉列表中选择【浏览主题】选项，如下图所示。

第2步 在弹出的【选择主题或主题文档】对话框中选择要应用的主题模板，然后单击【应用】按钮，即可应用自定义的主题，如下图所示。

提示

在本案例中应用的是【剪切】主题，按【Ctrl+Z】组合键，即可撤销自定义主题的应用。

8.2.3 设置演示文稿的显示比例

演示文稿常用的显示比例有 4:3 和 16:9 两种，新建 PowerPoint 2021 演示文稿时默认的比例为 16:9，用户可以方便地在这两种比例之间切换。此外，用户可以自定义幻灯片页面的大小来满足演示文稿的设计需求。设置演示文稿显示比例的具体操作步骤如下。

第1步 单击【设计】选项卡下【自定义】组中的【幻灯片大小】按钮，在弹出的下拉列表中选择【自定义幻灯片大小】选项，如下图所示。

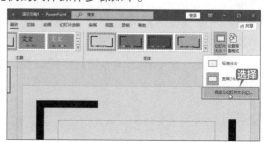

第 2 步 在弹出的【幻灯片大小】对话框中单击【幻灯片大小】下拉按钮，在弹出的下拉列表中选择【全屏显示(16:10)】选项，然后单击【确定】按钮，如下图所示。

第 3 步 在弹出的【Microsoft PowerPoint】对话框中单击【最大化】按钮，如下图所示。

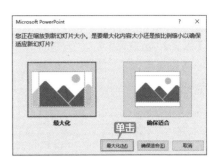

第 4 步 在演示文稿中即可看到设置显示比例后的效果，如下图所示。

> **提示**
>
> 在本案例中使用的幻灯片大小是默认的"宽屏(16:9)"大小，按【Ctrl+Z】组合键，即可撤销设置的幻灯片大小，恢复默认值。

8.3 幻灯片的基本操作

使用 PowerPoint 2021 制作公司管理培训演示文稿时要先掌握幻灯片的基本操作。

8.3.1 重点：认识幻灯片版式的分类

在使用 PowerPoint 2021 制作幻灯片时，经常需要更改幻灯片的版式，来满足幻灯片不同样式的需要。每个幻灯片版式不仅包含文本、表格、视频、图片、图表、形状等内容的占位符，而且包含这些对象的格式。

第 1 步 新建演示文稿后，会新建一张幻灯片页面，此时的幻灯片版式为"标题幻灯片"版式页面，如下图所示。

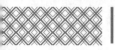
第2步 单击【开始】选项卡下【幻灯片】组中的【版式】按钮 ⊞版式▾，在弹出的下拉列表中即可看到包含有"标题幻灯片""标题和内容""节标题""两栏内容"等11种版式，如下图所示。

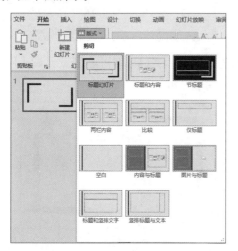

第3步 在下拉列表中选择【节标题】选项，如下图所示。

| 提示 |

　　每种版式的样式及占位符各不相同，用户可以根据需要选择要创建或更改的幻灯片版式，从而制作出符合要求的演示文稿。

第4步 即可在演示文稿中将"标题幻灯片"版式更改为"节标题"版式，效果如下图所示。

第5步 重复上面的操作，再次选择【标题幻灯片】选项，即可将页面版式更改为"标题幻灯片"版式，如下图所示。

8.3.2 新建幻灯片

　　新建幻灯片的常见方法有3种，用户可以根据需要选择合适的方式快速新建幻灯片。

1. 使用【开始】选项卡

　　使用【开始】选项卡新建幻灯片的具体操作步骤如下。

第1步 单击【开始】选项卡下【幻灯片】组中的【新建幻灯片】按钮 ，在弹出的下拉列表中选择【标题幻灯片】选项，如下图所示。

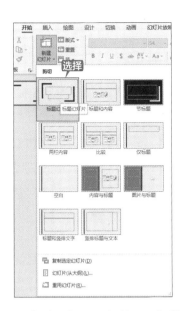

第2步 即可新建【标题幻灯片】幻灯片页面，并可在左侧的【幻灯片】窗格中显示新建的幻灯片，如下图所示。

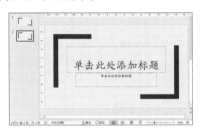

第3步 重复上述操作步骤，新建6张【仅标题】幻灯片页面，如下图所示。

第4步 重复上述操作步骤，新建一张【空白】

幻灯片页面，如下图所示。

第5步 新建幻灯片的效果如下图所示。

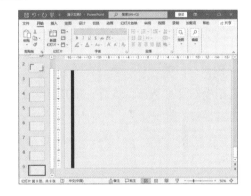

2. 使用快捷菜单

使用快捷菜单新建幻灯片的具体操作步骤如下。

第1步 在【幻灯片】窗格中选择一张幻灯片并右击，在弹出的快捷菜单中选择【新建幻灯片】选项，如下图所示。

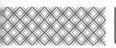

第2步 即可在该幻灯片的下方快速新建幻灯片，如下图所示。

3. 使用【插入】选项卡

单击【插入】选项卡下【幻灯片】组中的【新建幻灯片】按钮，在弹出的下拉列表中选择一种幻灯片版式，也可以完成新建幻灯片的操作，如下图所示。

8.3.3 重点：移动幻灯片

用户可以通过移动幻灯片的方法改变幻灯片的位置，单击需要移动的幻灯片并按住鼠标左键，拖曳幻灯片至目标位置，松开鼠标左键即可，如下图所示。此外，通过剪切并粘贴的方式也可以移动幻灯片。

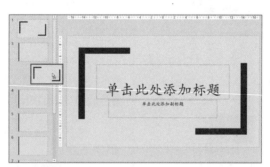

8.3.4 重点：删除幻灯片

不需要的幻灯片可以删除，删除幻灯片的常见方法有以下两种。

1. 使用【Delete】快捷键

在【幻灯片】窗格中选择要删除的幻灯片，按【Delete】键，即可快速删除选择的幻灯片。

2. 使用快捷菜单

使用快捷菜单删除幻灯片的具体操作步骤如下。

第1步 选择要删除的幻灯片并右击，在弹出的快捷菜单中选择【删除幻灯片】选项，即可删除选择的幻灯片，如下图所示。

灯片的版式为"标题幻灯片"，第 2～7 张幻灯片的版式为"仅标题"，第 8 张幻灯片的版式为"空白"，如下图所示。

第 2 步　使用同样的方法，删除其他多余的幻灯片，最终保留 8 张幻灯片，并且第 1 张幻

8.4 文本的输入和格式设置

在幻灯片中输入文本，并对文本进行字体、颜色、对齐方式、段落缩进等格式设置。

8.4.1 在幻灯片首页输入标题

幻灯片中文本占位符的位置是固定的，用户可以在其中输入文本，具体操作步骤如下。

第 1 步　单击标题文本占位符内的任意位置，使光标置于标题文本占位符内，如下图所示。

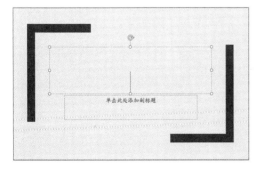

第 2 步　输入标题文本"公司管理培训 PPT"，如下图所示。

第 3 步　选择副标题文本占位符，在副标题文本框中输入文本"人力资源部"，如下图所示。

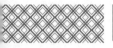

8.4.2 重点：在文本框中输入内容

在演示文稿的文本框中输入内容来完善公司管理培训演示文稿，具体操作步骤如下。

第1步 打开"素材\ch08\管理培训.txt"文件。在记事本中选中要复制的文本内容，按【Ctrl+C】组合键，复制所选内容，如下图所示。

第2步 返回演示文稿中，选择第2张幻灯片，单击幻灯片空白处，按【Ctrl+V】组合键，将复制的内容粘贴至第2张幻灯片中，如下图所示。

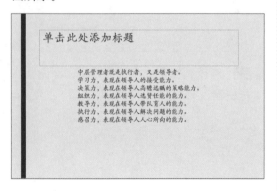

第3步 在标题文本占位符内输入文本"领导力培训"，如下图所示。

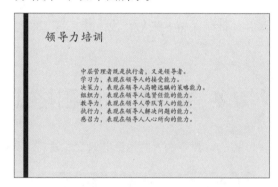

第4步 按照上述操作方法，打开"素材\ch08\管理培训.txt"文件，把所选内容复制粘贴到第3张幻灯片中，并输入标题文本"执行力培训"，如下图所示。

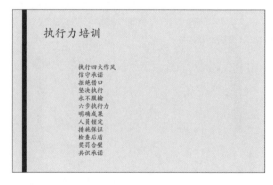

第5步 按照上述操作方法，打开"素材\ch08\管理培训.txt"文件，把所选内容复制粘贴到第4张幻灯片中，并输入标题文本"时间管理"，如下图所示。

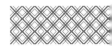

第6步 按照上述操作方法，打开"素材\ch08\管理培训 .txt"文件，把所选内容复制粘贴到第5张幻灯片中，并输入标题文本"沟通培训"，如下图所示。

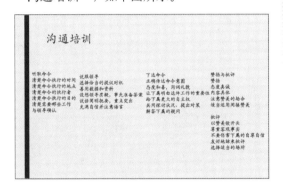

第7步 按照上述操作方法，打开"素材\ch08\管理培训 .txt"文件，把所选内容复

制粘贴到第6张幻灯片中，并输入标题文本"职业生涯管理"，如下图所示。

第8步 按照上述操作方法，打开"素材\ch08\管理培训 .txt"文件，把所选内容复制粘贴到第7张幻灯片中，并输入标题文本"团队打造"，如下图所示。

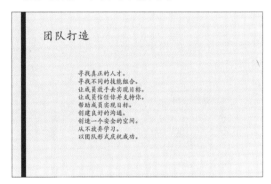

8.4.3 设置字体

PowerPoint默认的字体为华文楷体、字体颜色为黑色，在【开始】选项卡下的【字体】组或【字体】对话框的【字体】选项卡中可以设置字体、字号及字体颜色等，具体操作步骤如下。

第1步 选中第1张幻灯片页面中的"公司管理培训PPT"文本，单击【开始】选项卡下【字体】组中的【字体】下拉按钮，在弹出的下拉列表中选择【微软雅黑】选项，如下图所示。

第2步 单击【开始】选项卡下【字体】组中的【字号】下拉按钮，在弹出的下拉列表中选择【72】选项，如下图所示。

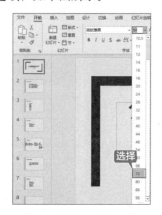

第3步 把鼠标指针放在标题文本占位符四周的控制点上，按住鼠标左键调整文本占位符的大小，并根据需要调整位置，然后根据需要设置幻灯片首页中其他文本的字体，如下图所示。

第4步 选择第2张幻灯片，重复上述操作步骤，设置标题文本的【字体】为【华文楷体】、【字号】为【44】，并设置正文内容的【字体】为【微软雅黑】、【字号】为【18】，并根据需要调整文本框的大小与位置，如下图所示。

第5步 选择第2张幻灯片页面正文内容中的第一段文本，单击【开始】选项卡下【字体】组中的【字体颜色】按钮，在弹出的下拉列表中选择【标准色】选项组中的【绿色】选项，如下图所示。

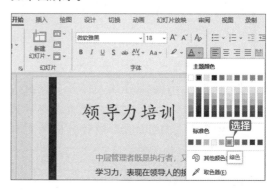

第6步 然后将其【字号】设置为【24】，效果如下图所示。

第7步 按照上述操作方法，设置"执行力培训"幻灯片，效果如下图所示。

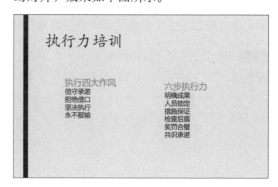

8.4.4 设置对齐方式

段落对齐方式包括左对齐、右对齐、居中对齐、两端对齐和分散对齐等，不同的对齐方式可以达到不同的效果。设置段落对齐方式的具体操作步骤如下。

第1步 选择第1张幻灯片，选中需要设置对齐方式的段落，单击【开始】选项卡下【段落】组中的【右对齐】按钮三，如下图所示。

第2步 即可看到将副标题文本设置为【右对齐】后的效果，如下图所示。

| **提示** |

此外，还可以单击【开始】选项卡下【段落】组中的【段落设置】按钮，弹出【段落】对话框，在【缩进和间距】选项卡下【常规】选项区域中设置【对齐方式】为【右对齐】，单击【确定】按钮，如下图所示。

8.4.5 重点：设置文本的段落缩进

段落缩进是指段落中的行相对于页面左边界或右边界的位置。文本段落缩进的方式有首行缩进、文本之前缩进和悬挂缩进3种。设置文本段落缩进的具体操作步骤如下。

第1步 选择第6张幻灯片，将光标定位在要设置段落缩进的段落中，单击【开始】选项卡下【段落】组中的【段落设置】按钮，如下图所示。

第2步 弹出【段落】对话框，在【缩进和间距】选项卡下【缩进】选项区域中单击【特殊】下拉按钮，在弹出的下拉列表中选择【首行】

选项，单击【确定】按钮，如下图所示。

第3步 在【间距】选项区域中单击【行距】下拉按钮，在弹出的下拉列表中选择【1.5

倍行距】选项，单击【确定】按钮，如下图所示。

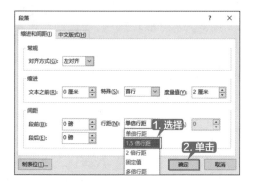

第4步 设置后的效果如下图所示。

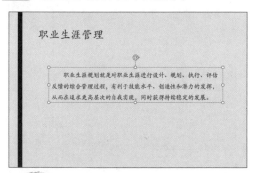

第5步 按照上述操作方法，把演示文稿中的其他正文【行距】设置为【1.5 倍行距】，如下图所示。

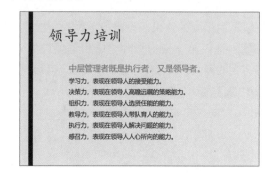

8.5 添加项目符号和编号

在演示文稿中可以添加项目符号和编号，精美的项目符号、统一的编号样式可以使公司管理培训演示文稿变得更加生动、专业。

8.5.1 为文本添加项目符号

项目符号是指在一些段落的前面加上完全相同的符号。添加项目符号的方法有以下两种。

1. 使用【开始】选项卡

使用【开始】选项卡添加项目符号的具体操作步骤如下。

第1步 选择第3张幻灯片，选择要添加项目符号的文本内容，单击【开始】选项卡下【段落】组中的【项目符号】按钮 ≡▾，在弹出的下拉列表中将鼠标指针放在某个项目符号上即可预览效果，如下图所示。

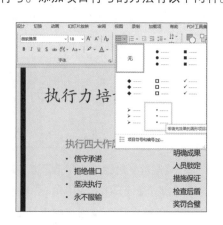

第2步 选择一种项目符号类型，即可将其应用至选择的段落内，如下图所示。

2. 使用鼠标右键

使用鼠标右键添加项目符号的具体操作步骤如下。

第1步 用户还可以选中要添加项目符号的文本并右击，在弹出的快捷菜单中选择【项目符号】选项，在子菜单中选择项目符号类型，如下图所示。

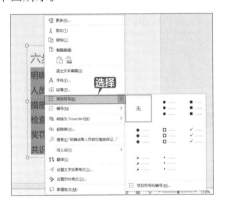

第2步 选择一种项目符号类型，即可将其应用至选择的段落内，如下图所示。

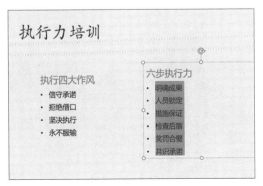

第3步 选择第4张幻灯片，选中要添加项目符号的文本并右击，在弹出的快捷菜单中选择【项目符号】→【项目符号和编号】选项，如下图所示。

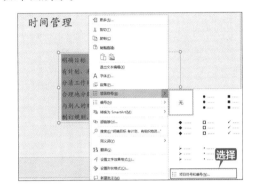

第4步 弹出【项目符号和编号】对话框，在【项目符号】选项卡下单击【自定义】按钮，如下图所示。

第5步 弹出【符号】对话框，选择一种符号作为项目符号，单击【确定】按钮，如下图所示。

第6步 返回【项目符号和编号】对话框，即可看到添加的项目符号，单击【确定】按钮，

如下图所示。

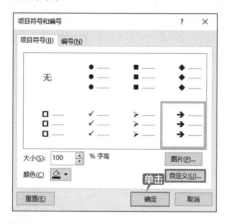

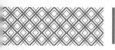

第7步 即可完成项目符号的添加，效果如下图所示。

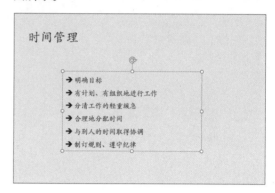

8.5.2 为文本添加编号

编号是按照大小顺序为文档中的行或段落添加编号。添加编号有以下两种方法。

1. 使用【开始】选项卡

使用【开始】选项卡添加编号的具体操作步骤如下。

第1步 选择第2张幻灯片，选择要添加编号的文本内容，单击【开始】选项卡下【段落】组中的【编号】按钮 ≡·，在弹出的下拉列表中选择一种编号样式，如下图所示。

第2步 即可为选择的段落添加编号，效果如下图所示。

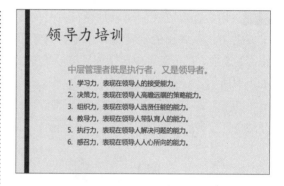

2. 使用快捷菜单

使用快捷菜单添加编号的具体操作步骤如下。

第1步 选择第7张幻灯片的正文内容并右击，在弹出的快捷菜单中选择【编号】选项，在子菜单中选择编号样式，如下图所示。

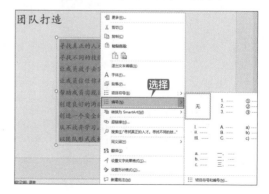

第2步 选择一种编号样式，即可为选择的段落添加编号，如下图所示。

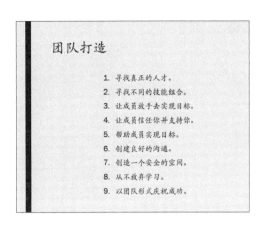

8.6 幻灯片的图文混排

在制作公司管理培训演示文稿时插入适当的图片，可以根据需要调整图片的大小，为图片设置样式与添加艺术效果。

8.6.1 重点：插入图片

在制作公司管理培训演示文稿时，插入适当的图片，可以对文本进行说明或强调，具体操作步骤如下。

第1步 选择第2张幻灯片，单击【插入】选项卡下【图像】组中的【图片】按钮，在弹出的下拉列表中选择【此设备】选项，如下图所示。

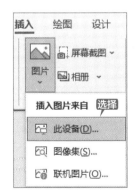

第2步 弹出【插入图片】对话框，选择要插入的图片，单击【插入】按钮，如下图所示。

第3步 即可将图片插入幻灯片中，如下图所示。

> 第4步 使用同样的方法，在其他幻灯片中插入相应的图片，如下图所示。

8.6.2 重点：设置图片和文本框的排列方案

在公司管理培训演示文稿中插入图片后，选择好图片和文本框的排列方案，可以使演示文稿看起来更加美观、整洁，具体操作步骤如下。

> 第1步 选择第2张幻灯片，适当调整图片的位置，如下图所示。

> 第2步 同时选中图片和文本框，单击【开始】选项卡下【绘图】组中的【排列】按钮，在弹出的下拉列表中选择【对齐】→【顶端对齐】选项，如下图所示。

> 第3步 选择的图片和文本框即可按照顶端对齐的方式排列，如下图所示。

> 第4步 单击【开始】选项卡下【绘图】组中的【排列】按钮，在弹出的下拉列表中选择【对齐】→【垂直居中】选项，如下图所示。

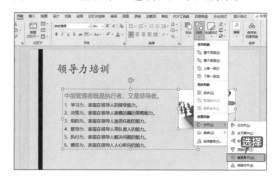

> 第5步 选择的图片和文本框即可按照垂直居中的方式排列，如下图所示。

第6步 使用同样的方法，设置其他幻灯片中

图片和文本框的排列方案，效果如下图所示。

8.6.3 重点：调整图片大小

在公司管理培训演示文稿中，确定图片和文本框的排列方案之后，需要调整图片的大小来适应幻灯片的页面，具体操作步骤如下。

第1步 选中第 2 张幻灯片中的图片，把鼠标指针放在图片 4 个角的控制点上，按住鼠标左键并拖曳，即可更改图片的大小，如下图所示。

第2步 即可调整图片的大小，如下图所示。

第3步 按照上述操作方法，调整其他幻灯片中图片的大小，并重新调整图片的位置，如下图所示。

8.6.4 重点：为图片设置样式

用户可以为插入的图片设置边框、图片版式等样式，使公司管理培训演示文稿更加美观，具体操作步骤如下。

第1步 选中第 2 张幻灯片中的图片，单击【图片格式】选项卡下【图片样式】组中的【其他】

按钮，在弹出的下拉列表中选择【复杂框架，黑色】选项，如下图所示。

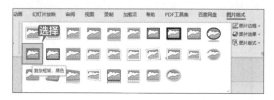

第2步 即可改变图片的样式，如下图所示。

第3步 单击【图片格式】选项卡下【图片样式】组中的【图片边框】下拉按钮，在弹出的下拉列表中选择【无轮廓】选项，如下图所示。

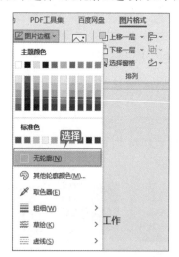

第4步 即可去除图片的边框，如下图所示。

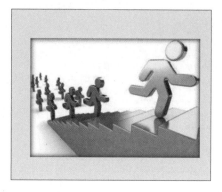

第5步 单击【图片格式】选项卡下【图片样式】组中的【图片效果】下拉按钮，在弹出的下拉列表中选择【映像】→【映像变体】→【紧密映像：接触】选项，如下图所示。

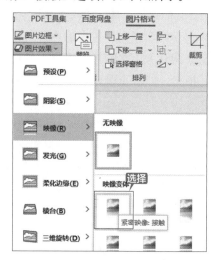

第6步 即可为图片添加映像效果，如下图所示。

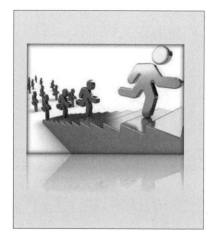

第7步 选中第3张幻灯片中的图片，单击【图片格式】选项卡下【图片样式】组中的【其他】按钮▾，在弹出的下拉列表中选择【柔化边缘椭圆】选项，并调整图片大小，效果如下图所示。

第8步 选中第4张幻灯片中的图片，单击【图片格式】选项卡下【图片样式】组中的【其他】按钮▾，在弹出的下拉列表中选择【中等复杂框架，黑色】选项，并调整图片和文本框的位置，效果如下图所示。

第9步 选中第7张幻灯片中的图片，单击【图片格式】选项卡下【图片样式】组中的【其他】按钮▾，在弹出的下拉列表中选择【柔化边缘椭圆】选项，并调整图片大小，效果如下图所示。

8.6.5 为图片添加艺术效果

对插入的图片进行更正、调整等艺术效果的编辑，可以使图片更好地融入公司管理培训演示文稿的氛围中，具体操作步骤如下。

第1步 选中第3张幻灯片中的图片，单击【图片格式】选项卡下【调整】组中的【校正】按钮☼，在弹出的下拉列表中选择【亮度：0%（正常）对比度：0%（正常）】选项，如下图所示。

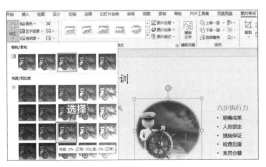

第2步 即可改变图片的锐化／柔化及亮度／对比度，如下图所示。

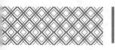

第3步 单击【图片格式】选项卡下【调整】组中的【颜色】按钮 ，在弹出的下拉列表中选择【金色，个性色2深色】选项，如下图所示。

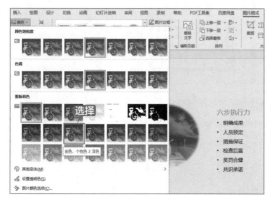

第4步 即可改变图片的色调色温，如下图所示。

第5步 单击【图片格式】选项卡下【调整】组中的【艺术效果】按钮 ，在弹出的下拉列表中选择【画图刷】选项，如下图所示。

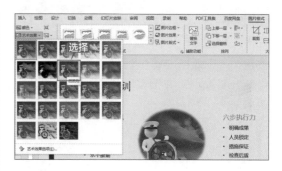

第6步 即可为图片添加艺术效果，如下图所示。

第7步 按照上述操作方法，为剩余的图片添加艺术效果，如下图所示。

8.7 添加数据表格

在公司管理培训演示文稿中插入表格，可以使演示文稿中要传达的信息更加简洁，并可以为插入的表格设置表格样式。

8.7.1 插入表格

在 PowerPoint 2021 中插入表格的方法有以下 3 种。

1. 利用菜单命令插入表格

利用菜单命令插入表格是最常用的插入表格的方式，具体操作步骤如下。

第1步 选择第 5 张幻灯片，单击【插入】选项卡下【表格】组中的【表格】按钮，在弹出的下拉列表中选择要插入表格的行数和列数，如下图所示。

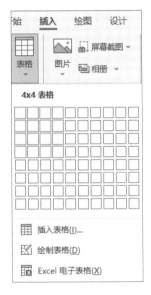

第2步 即可在幻灯片中创建 4 行 4 列的表格，如下图所示。

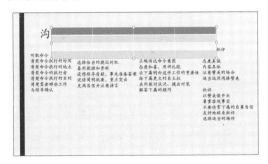

第3步 将幻灯片中的内容复制在表格中，输入"沟通技巧""与上级领导沟通""与下属沟通"文本，并调整表格的行高和列宽，如下图所示。

第4步 选中第 1 行的单元格，如下图所示。

第5步 单击【布局】选项卡下【合并】组中的【合并单元格】按钮，如下图所示。

第6步 即可合并选中的单元格，如下图所示。

第7步 选中第 1 行的单元格，单击【布局】选项卡下【对齐方式】组中的【居中】按钮，

然后单击【垂直居中】按钮，即可使文字居中显示，如下图所示。

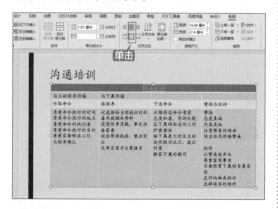

第8步 按照上述操作方法，根据表格内容合并需要合并的单元格，如下图所示。

第9步 最后根据需要，设置文本的项目符号，效果如下图所示。

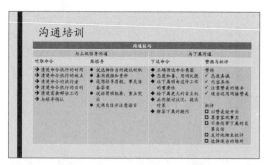

2. 利用【插入表格】对话框插入表格

用户还可以利用【插入表格】对话框来插入表格，具体操作步骤如下。

第1步 将光标定位在需要插入表格的位置，单击【插入】选项卡下【表格】组中的【表格】按钮，在弹出的下拉列表中选择【插入表格】选项，如下图所示。

第2步 弹出【插入表格】对话框，分别在【行数】和【列数】数值框中输入行数和列数，单击【确定】按钮，即可插入一个表格，如下图所示。

3. 绘制表格

当用户需要创建不规则的表格时，可以使用表格绘制工具绘制表格，具体操作步骤如下。

第1步 单击【插入】选项卡下【表格】组中的【表格】按钮，在弹出的下拉列表中选择【绘制表格】选项，如下图所示。

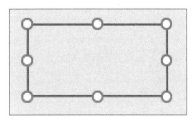

第3步 在该矩形中绘制行线、列线或斜线，绘制完成后按【Esc】键退出表格绘制模式，如下图所示。

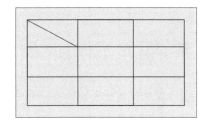

第2步 此时，鼠标指针变为 ℓ 形状，在需要绘制表格的地方单击并拖曳鼠标，绘制出表格的外边界，其形状为矩形，如下图所示。

｜提示｜∷∷∷∷∷∷∷∷∷∷

在矩形框中绘制行线、列线或斜线时，鼠标定位线条的起始位置不要放在矩形的边框上，应在矩形内部进行绘制。

8.7.2 设置表格的样式

在公司管理培训演示文稿中设置表格的样式，可以使演示文稿看起来更加美观，具体操作步骤如下。

第1步 选中表格，单击【表设计】选项卡下【表格样式】组中的【其他】按钮▼，在弹出的下拉列表中选择【浅色样式 2- 强调 4】选项，如下图所示。

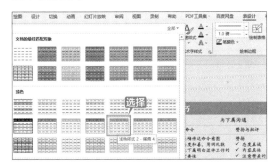

第2步 即可更改表格样式，效果如下图所示。

第3步 选中表格中第 1 行的文本，单击【开始】选项卡下【字体】组中的【字号】下拉按钮▼，在弹出的下拉列表中选择【28】选项，如下图所示。

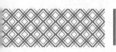

第4步 使用同样的方法，调整其他文本的字号，效果如下图所示。

8.8 插入 SmartArt 图形

SmartArt 图形是信息和观点的视觉表示形式。用户可以通过从多种不同布局中进行选择来创建 SmartArt 图形，从而快速、轻松和有效地传达信息。在幻灯片中插入 SmartArt 图形的具体操作步骤如下。

第1步 选择第6张幻灯片，单击【插入】选项卡下【插图】组中的【SmartArt】按钮，如下图所示。

第2步 弹出【选择 SmartArt 图形】对话框，选择【流程】→【基本日程表】选项，单击【确定】按钮，如下图所示。

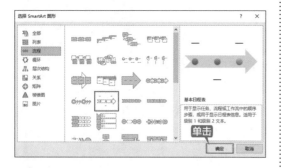

第3步 即可插入SmartArt图形,选择【SmartArt设计】选项卡下【创建图形】组中的【添加形状】按钮，在弹出的下拉列表中选择【在

后面添加形状】选项，即可在 SmartArt 图形后添加 3 个形状，如下图所示。

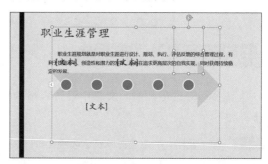

第4步 单击 SmartArt 图形左侧的按钮，在弹出的面板中输入下图所示的文本。

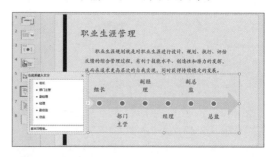

第5步 调整 SmartArt 图形的大小，效果如下图所示。

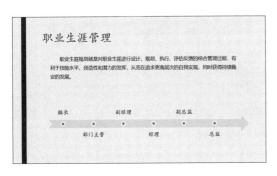

第 6 步 单击【插入】选项卡下【文本】组中的【文本框】按钮 ，在弹出的下拉列表中选择【绘制横排文本框】选项，如下图所示。

第 7 步 在幻灯片中绘制一个横排文本框，输入"公司内部晋升发展过程"文本，并将其字体颜色设置为【绿色】，最终效果如下图所示。

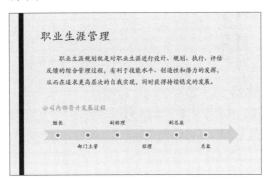

8.9 使用艺术字制作结束页

艺术字与普通文字相比，有更多的颜色和形状可以选择，表现形式也更加多样化，在公司管理培训演示文稿中插入艺术字可以达到锦上添花的效果。

8.9.1 插入艺术字

在公司管理培训演示文稿中插入艺术字作为结束页的结束语，具体操作步骤如下。

第 1 步 选择最后一张幻灯片，单击【插入】选项卡下【文本】组中的【艺术字】按钮 ，在弹出的下拉列表中选择一种艺术字样式，如下图所示。

第 2 步 幻灯片中即可弹出【请在此放置您的文字】艺术字文本框，如下图所示。

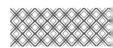

第 3 步 删除艺术字文本框中的文字，输入"谢谢大家！祝工作顺利！"文本，如下图所示。

第 4 步 选中艺术字，调整艺术字的边框，当鼠标指针变为 形状时拖曳鼠标，即可改变文本框的大小，使艺术字处于幻灯片的正中位置，如下图所示。

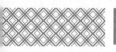

`第5步` 选中艺术字，在【开始】选项卡下【字体】组中设置【字体】为【微软雅黑】、【字号】为【72】、【字体颜色】为【水绿色，个性色5，深色50%】，如下图所示。

`第6步` 设置完成后调整文本框的大小，效果如下图所示。

8.9.2 更改艺术字样式

插入艺术字之后，可以更改艺术字的样式，使公司管理培训演示文稿更加美观，具体操作步骤如下。

`第1步` 选中艺术字，单击【形状格式】选项卡下【艺术字样式】组中的【文字效果】按钮 A⌄，在弹出的下拉列表中选择【阴影】→【无阴影】选项，如下图所示。

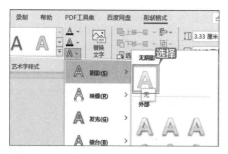

`第2步` 即可取消艺术字的阴影效果，如下图所示。

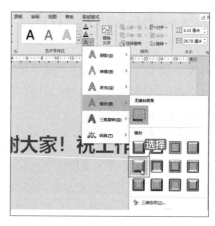

`第3步` 选中艺术字，单击【形状格式】选项卡下【艺术字样式】组中的【文字效果】按钮 A⌄，在弹出的下拉列表中选择【棱台】→【角度】选项，如下图所示。

`第4步` 即可为艺术字添加棱台效果，如下图所示。

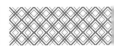

8.10 保存设计好的演示文稿

公司管理培训演示文稿设计完成之后，需要进行保存。保存演示文稿有以下两种方法。

1. 保存演示文稿

单击【快速访问工具栏】中的【保存】按钮，则会弹出【保存此文件】对话框，输入文件名，并选择所要保存的位置，单击【保存】按钮📇，即可保存演示文稿，如下图所示。

图所示。

2. 另存演示文稿

如果需要将公司管理培训演示文稿另存至其他位置或以其他的名称保存，可以使用【另存为】命令。将演示文稿另存的具体操作步骤如下。

第1步 在已保存的演示文稿中，选择【文件】选项卡，在弹出的界面左侧选择【另存为】选项，在右侧的【另存为】选项区域中选择【这台电脑】选项，并单击【浏览】按钮，如下

第2步 在弹出的【另存为】对话框中选择演示文稿所要保存的位置，在【文件名】文本框中输入要另存的名称，这里输入"公司管理培训演示文稿"，单击【保存】按钮，即可完成演示文稿的另存操作，如下图所示。

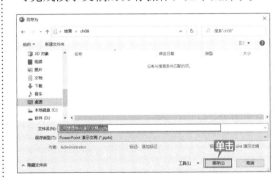

举一
反三

制作述职报告演示文稿

与公司管理培训演示文稿类似的演示文稿还有述职报告演示文稿、企业发展战略演示文稿等。制作这类演示文稿时，要做到内容客观、重点突出、个性鲜明，使读者能了解演示文稿的重点内容。下面以制作述职报告演示文稿为例进行介绍，其制作思路如下。

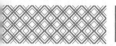

1. 新建演示文稿

新建空白演示文稿，为演示文稿应用主题，并设置演示文稿的显示比例，如下图所示。

2. 新建幻灯片

新建幻灯片，在幻灯片中输入文本，并设置字体格式、段落对齐方式、段落缩进等，如下图所示。

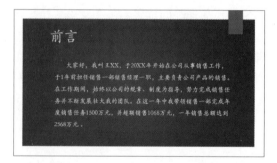

3. 添加项目符号，进行图文混排

为文本添加项目符号，并插入图片，为图片设置样式，添加艺术效果，如下图所示。

4. 添加数据表格

插入表格，并设置表格的样式，如下图所示。

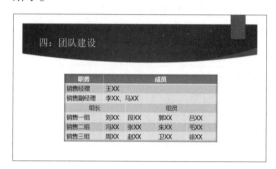

5. 插入艺术字做结束页

插入艺术字，对艺术字的样式进行更改，并保存设计好的演示文稿，如下图所示。

◇ 使用取色器为演示文稿配色

PowerPoint 2021 可以对图片的任何颜色进行取色，以更好地搭配演示文稿，具体操作步骤如下。

第1步 打开 PowerPoint 2021，并应用任意一种主题，如下图所示。

第2步 选择文本框，单击【形状格式】选项卡下【形状样式】组中的【形状填充】按钮 形状填充，在弹出的下拉列表中选择【取色器】选项，如下图所示。

第3步 在幻灯片上单击任意一点，拾取该颜色，如下图所示。

第4步 即可将拾取的颜色填充到文本框中，效果如下图所示。

◇ 新功能：便利的屏幕录制

使用屏幕录制功能，可以录制选定的屏幕区域，并将录制的视频插入幻灯片中，具体操作步骤如下。

第1步 单击【录制】选项卡下【自动播放媒体】组中的【屏幕录制】按钮，如下图所示。

第2步 在计算机屏幕上拖曳鼠标选择要录制的屏幕区域，如下图所示。

第3步 单击左上角的【录制】按钮，即可开始录制框选的屏幕区域，如下图所示。

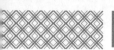
第4步 如果要暂停录制，可以单击【暂停】按钮 ；如果要结束录制，可以单击【停止】按钮 或按【Windows 徽标键 +Shift+Q】组合键，即可结束录制，并会自动将视频文件插入当前选择的幻灯片页面，如下图所示。

第9章
演示文稿的动画及放映设置

📖 本章导读

动画和多媒体是演示文稿的重要元素，在制作演示文稿的过程中，适当地加入动画和多媒体可以使演示文稿变得更加生动。演示文稿提供了多种动画样式，支持对动画效果和视频的自定义播放。演示文稿设计完成，就需要放映这些幻灯片，放映时要做好放映前的准备工作，选择演示文稿的放映方式，并要控制放映幻灯片的过程。

🔘 思维导图

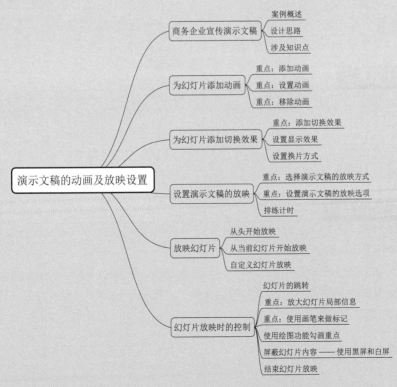

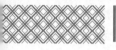

9.1 商务企业宣传演示文稿

商务企业宣传演示文稿是为了对公司进行更好地宣传而制作的宣传材料，演示文稿内容的好坏关系到公司的形象和宣传效果，因此应注重每张幻灯片中的细节处理。在特定的页面加入合适的过渡动画，会使幻灯片更加生动，以达到更好的宣传效果。设计商务企业宣传演示文稿时要做到简洁清楚、重点明了，便于公众快速地接收演示文稿中的信息。

9.1.1 案例概述

商务企业宣传演示文稿包含公司简介、公司员工组成、设计理念、公司精神、公司文化等几个主题，分别对公司的各个方面进行介绍。商务企业宣传演示文稿是公司的宣传文件，代表了公司的形象，因此公司企业宣传演示文稿的动画效果要给人以简单、直接、有效的感觉。为演示文稿添加动画时，需要按照以下几点原则进行。

① 动画重复原则。一页演示文稿中设置的动画不超过两种，切记不要设置太多，会显得太乱。

② 强调原则。有些内容需要强调，单独对内容进行添加动画，起到强调作用。

③ 顺序原则。内容根据逻辑关系出现，并列内容要同时出现。

④ 简化原则。化繁为简，运用逐步出现、讲解、再出现、再讲解的方法，使观众注意力随动画和讲解集中在一起。

放映商务企业宣传演示文稿时，需要注意以下几点。

① 简洁。选择合适的放映方式，可以预先进行排练计时。

② 重点明了。

③ 在放映幻灯片时，对重点信息需要放大幻灯片局部进行播放。

④ 重点信息可以使用画笔进行标注，并可以使用荧光笔进行区分。

⑤ 需要观众进行思考时，要使用黑屏或白屏来屏蔽幻灯片中的内容。

9.1.2 设计思路

商务企业宣传演示文稿的设计可以按照以下思路进行。

① 设计演示文稿封面。

② 设计演示文稿目录页。

③ 为内容过渡页添加过渡动画。

④ 为内容添加动画。

⑤ 添加切换效果。

⑥ 放映幻灯片。

9.1.3 涉及知识点

本案例主要涉及以下知识点。

① 为幻灯片内容添加合适的动画效果，包括添加动画、设置动画和移动动画等。

② 为幻灯片添加切换效果，包括添加切换效果、设置显示效果和设置换片方式等。

③ 设置演示文稿放映效果，包括选择演示文稿的放映方式、设置演示文稿的放映选项和排练计时等。

④ 放映幻灯片，包括从头开始放映、从当前幻灯片开始放映和自定义幻灯片放映等。

⑤ 幻灯片跳转、放大幻灯片局部信息、使用画笔来做标记、使用绘图功能勾画重点、使用黑屏和白屏及结束幻灯片放映等。

9.2 为幻灯片添加动画

在商务企业宣传演示文稿中，为幻灯片添加动画可以使幻灯片内容的切换显得更加醒目、生动，起到更好的宣传效果。

9.2.1 重点：添加动画

在商务企业宣传演示文稿中添加动画的具体操作步骤如下。

第1步 打开"素材\ch09\商务企业宣传PPT.pptx"文件，选择第1张幻灯片中的"××公司宣传PPT"文本框，单击【动画】选项卡下【动画】组中的【其他】按钮 ，如下图所示。

提示

动画效果包括进入、强调、退出和动作路径4种类型。进入动画是设置选择对象在当前页面的出现方式；强调动画是可以在当前页面重点突出选择对象的属性；退出动画是设置选择对象在当前页面的退出方式；动作路径动画是为选择对象在当前页面设置自定义的运动路径。

第2步 在弹出的下拉列表中选择【进入】组中的【飞入】选项，如下图所示。

第3步 为文字添加"飞入"动画效果，文本框左上角会显示一个动画标记，效果如下图所示。

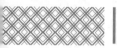
第4步 单击【动画】组中的【效果选项】按钮，在弹出的下拉列表中选择【自左下部】选项，如下图所示。

第5步 使用同样的方法，为"公司宣传部"文本添加动画，如下图所示。

9.2.2 重点：设置动画

添加动画后，还可以设置动画的显示方式，以及开始时间、持续时间和延迟等，以达到最好的播放效果。设置动画的具体操作步骤如下。

第1步 在打开的素材文件中，选择第3张幻灯片中的文本框，单击【动画】选项卡下【动画】组中的【出现】按钮，为其添加"出现"动画效果，如下图所示。

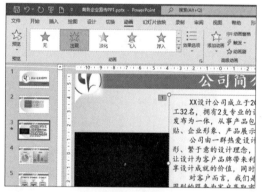

第2步 单击【动画】组中的【效果选项】按钮，在弹出的下拉列表中选择【序列】下的【按段落】选项，如下图所示。

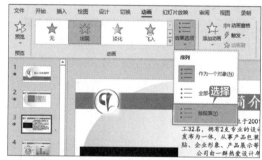

第3步 设置"按段落"动画效果后，原来的1个动画编号会根据段落数量改变，显示为3个，效果如下图所示。

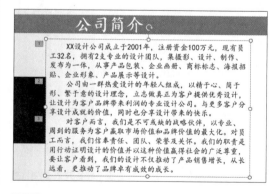

第4步 单击【动画】选项卡下【计时】组中的【开始】下拉按钮，在弹出的下拉列表中选择【上

一动画之后】选项，并将【持续时间】设置
为【02.75】，【延迟】设置为【00.50】，
如下图所示。

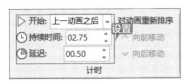

第5步 选择第 2 张幻灯片，依次为目录添加
"飞入"动画效果，如下图所示。

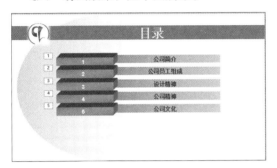

第6步 单击【动画】选项卡下【高级动画】
组中的【动画窗格】按钮，如下图所示。

第7步 打开【动画窗格】窗格，可以看到动
画前的序号 1、2、3、4、5，表示设置的动
画会按照该序号播放。选择"组合 4"动画，
单击【下移】按钮，如下图所示。

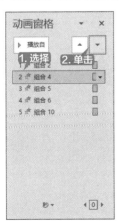

第8步 "组合 4"动画会显示在"组合 5"动
画后，表示"组合 4"动画会在"组合 5"动
画播放之后播放，如下图所示。

|提示|

　单击【上移】【下移】按钮，可根据需
要调整动画播放顺序。

第9步 选择第 2 张幻灯片，单击【动画】选
项卡下【预览】组中的【预览】按钮，如
下图所示。

第10步 即可预览动画的播放效果，如下图
所示。

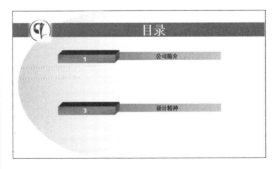

9.2.3 重点：移除动画

如果需要删除已设置的动画，有以下两种方法。

方法一：打开【动画窗格】窗格，在要删除的动画选项上右击，在弹出的快捷菜单中选择【删除】选项，如下图所示。

方法二：选择动画前的动画序号，如下图所示，按【Delete】键也可以删除添加的动画。

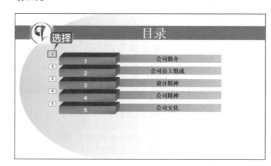

9.3 为幻灯片添加切换效果

在幻灯片中添加切换效果，可以使幻灯片各个主题的切换更加流畅自然。

9.3.1 重点：添加切换效果

在商务企业宣传演示文稿各张幻灯片之间添加切换效果的具体操作步骤如下。

第1步 选择第1张幻灯片，单击【切换】选项卡下【切换到此幻灯片】组中的【其他】按钮，如下图所示。

第2步 在弹出的下拉列表中选择【百叶窗】

选项，如下图所示。

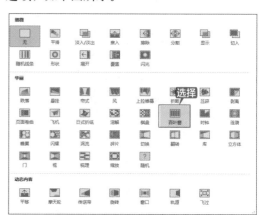

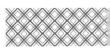
第3步 为第1张幻灯片添加"百叶窗"切换效果后的效果如下图所示。

> **提示**
>
> 不建议为商务类演示文稿的不同页面设置不同的切换效果,使用一种切换效果即可。

9.3.2 设置显示效果

为幻灯片添加切换效果之后,可以更改其显示效果,具体操作步骤如下。

第1步 选择第1张幻灯片,单击【切换】选项卡下【切换到此幻灯片】组中的【效果选项】按钮 ，在弹出的下拉列表中选择【水平】选项,如下图所示。

第2步 单击【计时】组中的【声音】下拉按钮 ，在弹出的下拉列表中选择【风铃】选项,并将【持续时间】设置为【01.00】,如下图所示。

9.3.3 设置换片方式

对于设置了切换效果的幻灯片,可以设置幻灯片的换片方式,具体操作步骤如下。

第1步 选中【切换】选项卡下【计时】组中的【单击鼠标时】和【设置自动换片时间】复选框,将【设置自动换片时间】设置为【01:30.00】,如下图所示。

第2步 单击【切换】选项卡下【计时】组中的【应用到全部】按钮 ，即可将设置的显示效果和切换效果应用到所有幻灯片中,如下图所示。

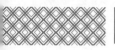

9.4 设置演示文稿的放映

用户可以设置商务企业宣传演示文稿的放映方式和放映选项，并且可以进行排练计时。

9.4.1 重点：选择演示文稿的放映方式

在 PowerPoint 2021 中，演示文稿的放映方式包括演讲者放映、观众自行浏览和在展台浏览 3 种。

具体演示方式的设置可以通过单击【幻灯片放映】选项卡下【设置】组中的【设置幻灯片放映】按钮 ，然后在弹出的【设置放映方式】对话框中进行放映类型、放映选项及换片方式等设置。

1. 演讲者放映

演示文稿放映方式中的演讲者放映方式是指由演讲者一边讲解一边放映幻灯片，此演示方式一般用于比较正式的场合，如专题讲座、学术报告等，在本案例中也使用演讲者放映的方式。

将演示文稿的放映方式设置为演讲者放映的具体操作步骤如下。

第1步 在打开的素材文件中，单击【幻灯片放映】选项卡下【设置】组中的【设置幻灯片放映】按钮，如下图所示。

第2步 弹出【设置放映方式】对话框，默认设置即为演讲者放映方式，如下图所示。

2. 观众自行浏览

观众自行浏览是指由观众自己动手使用计算机观看幻灯片。如果希望让观众自己浏览多媒体幻灯片，可以将多媒体演讲的放映方式设置为观众自行浏览，具体操作步骤如下。

第1步 单击【幻灯片放映】选项卡下【设置】组中的【设置幻灯片放映】按钮，弹出【设置放映方式】对话框，在【放映类型】选项区域中选中【观众自行浏览（窗口）】单选按钮；在【放映幻灯片】选项区域中选中【从……到……】单选按钮，并在第 2 个文本框中输入 "4"，设置从第 1 页到第 4 页的幻灯片放映方式为观众自行浏览，如下图所示。

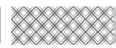

第2步 单击【确定】按钮，按【F5】键即可进行演示文稿的演示。这时可以看到，设置后的前4页幻灯片以窗口的形式出现，并且在最下方显示状态栏，如下图所示。

第3步 单击状态栏中的【普通】按钮 ▣，可以将演示文稿切换到普通视图状态，如下图所示。

| 提示 |

　　单击状态栏中的【下一张】按钮 ▷ 和【上一张】按钮 ◁ 也可以切换幻灯片；单击状态栏右侧的【幻灯片浏览】按钮 品，可以将演示文稿由普通状态切换到幻灯片浏览状态；单击状态栏右侧的【读取视图】按钮 ▦，可以将演示文稿切换到阅读状态；单击状态栏右侧的【幻灯片放映】按钮 ♀，可以将演示文稿切换到幻灯片浏览状态。

3. 在展台浏览

　　在展台浏览这一放映方式可以让多媒体幻灯片自动放映而不需要演讲者操作，如播放展览会上的产品展示演示文稿等。

　　打开演示文稿后，单击【幻灯片放映】选项卡下【设置】组中的【设置幻灯片放映】按钮，在弹出的【设置放映方式】对话框的【放映类型】选项区域中选中【在展台浏览（全屏幕）】单选按钮，即可将演示方式设置为在展台浏览，如下图所示。

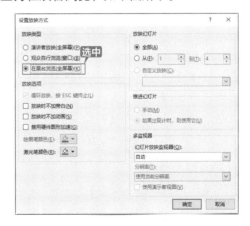

| 提示 |

　　可以将展台演示文稿设置为当看完整个演示文稿或演示文稿保持闲置状态达到一段时间后，自动返回演示文稿首页。这样，参展者就不必一直守着展台了。

在本案例中，切换回演讲者放映的放映方式。

9.4.2 重点：设置演示文稿的放映选项

选择演示文稿的放映方式后，用户需要设置演示文稿的放映选项，具体操作步骤如下。

第1步 单击【幻灯片放映】选项卡下【设置】组中的【设置幻灯片放映】按钮，如下图所示。

第2步 弹出【设置放映方式】对话框，选中【演讲者放映（全屏幕）】单选按钮，如下图所示。

第3步 在【放映选项】选项区域中选中【循环放映，按ESC键终止】复选框，如下图所示，可以在最后一张幻灯片放映结束后自动返回第1张幻灯片重复放映，直到按【Esc】键才

能结束放映。

第4步 在【推进幻灯片】选项区域中选中【手动】单选按钮，设置演示过程中的换片方式为手动，可以取消使用排练计时，如下图所示。

> **提示**
>
> 选中【放映时不加旁白】复选框，表示在放映时不播放在幻灯片中添加的声音。选中【放映时不加动画】复选框，表示在放映时设定的动画效果将被屏蔽。

9.4.3 排练计时

用户通过排练计时为每张幻灯片确定适当的放映时间，可以实现更好地自动放映幻灯片，具体操作步骤如下。

第1步 单击【幻灯片放映】选项卡下【设置】组中的【排练计时】按钮，如下图所示。

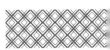

第2步 按【F5】键放映幻灯片时，左上角会出现【录制】对话框，在【录制】对话框中可以设置暂停、继续等操作，如下图所示。

第3步 幻灯片播放完成后，弹出【Microsoft PowerPoint】提示框，单击【是】按钮，即可保存幻灯片计时，如下图所示。

第4步 单击【幻灯片放映】选项卡下【开始放映幻灯片】组中的【从头开始】按钮，即可按照排练计时的时间播放幻灯片，如下

图所示。

第5步 若幻灯片不能自动放映，单击【幻灯片放映】选项卡下【设置】组中的【设置幻灯片放映】按钮，弹出【设置放映方式】对话框，在【推进幻灯片】选项区域中选中【如果出现计时，则使用它】单选按钮，并单击【确定】按钮，即可使用幻灯片排练计时，如下图所示。

9.5 放映幻灯片

默认情况下，幻灯片的放映方式为普通手动放映。用户可以根据实际需要，设置幻灯片的放映方式，如从头开始放映、从当前幻灯片开始放映和自定义幻灯片放映等。

9.5.1 从头开始放映

放映幻灯片一般是从头开始放映的，具体操作步骤如下。

第1步 单击【幻灯片放映】选项卡下【开始放映幻灯片】组中的【从头开始】按钮或按【F5】键，如下图所示。

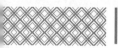
第2步 系统将从头开始播放幻灯片。由于前面使用了排练计时，因此幻灯片可以自动往下播放，如下图所示。

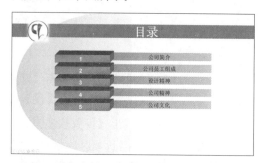

> **提示**
>
> 若幻灯片中没有设置排练计时，则单击鼠标、按【Enter】或【Space】键均可切换到下一张幻灯片。另外，按键盘上的方向键也可以向上或向下切换幻灯片。

9.5.2 从当前幻灯片开始放映

在放映幻灯片时可以从选定的当前幻灯片开始放映，具体操作步骤如下。

第1步 选择第2张幻灯片，单击【幻灯片放映】选项卡下【开始放映幻灯片】组中的【从当前幻灯片开始】按钮，或按【Shift+F5】组合键，如下图所示。

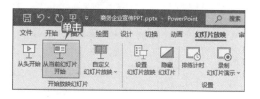

第2步 系统将从当前幻灯片开始播放，如下图所示。按【Enter】或【Space】键可切换到下一张幻灯片。

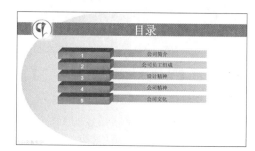

9.5.3 自定义幻灯片放映

利用 PowerPoint 的"自定义幻灯片放映"功能，可以为幻灯片设置多种自定义放映方式，具体操作步骤如下。

第1步 单击【幻灯片放映】选项卡下【开始放映幻灯片】组中的【自定义幻灯片放映】按钮，在弹出的下拉列表中选择【自定义放映】选项，如下图所示。

第2步 弹出【自定义放映】对话框，单击【新建】按钮，如下图所示。

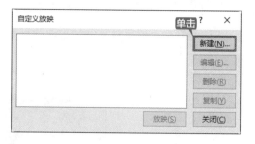

第3步 弹出【定义自定义放映】对话框，在【在演示文稿中的幻灯片】列表框中选择需要放

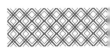
映的幻灯片，然后单击【添加】按钮，即可将选中的幻灯片添加到【在自定义放映中的幻灯片】列表框中，单击【确定】按钮，如下图所示。

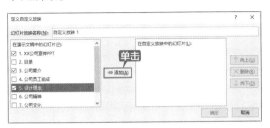

第4步 返回【自定义放映】对话框，单击【放映】按钮，如下图所示。

第5步 即可仅放映选中的页码，如下图所示。

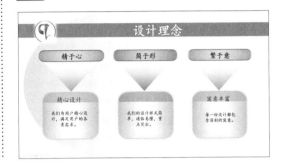

9.6 幻灯片放映时的控制

在商务企业宣传演示文稿的放映过程中，可以控制幻灯片的跳转、放大幻灯片局部信息、为幻灯片添加标注等。

9.6.1 幻灯片的跳转

在播放幻灯片的过程中既需要幻灯片的跳转，又需要保持逻辑上的关系，具体操作步骤如下。

第1步 选择第2张幻灯片，选择【2. 公司员工组成】文本框并右击，在弹出的快捷菜单中选择【超链接】选项，如下图所示。

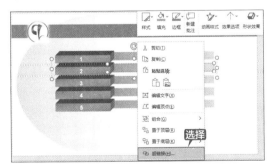

第2步 弹出【插入超链接】对话框，在【链接到】选项区域中可以选择链接的文件位置，

这里选择【本文档中的位置】选项，在【请选择文档中的位置】选项区域中选择【4. 公司员工组成】幻灯片页面，单击【确定】按钮，如下图所示。

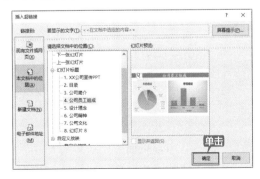

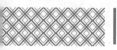

第3步 即可在"目录"幻灯片页面中插入超链接，如下图所示。

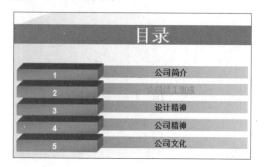

第4步 单击【幻灯片放映】选项卡下【开始放映幻灯片】组中的【从当前幻灯片开始】按钮，即可从"目录"页面开始播放幻灯片，如下图所示。

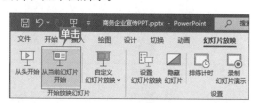

第5步 在幻灯片播放时，单击【公司员工组成】超链接，如下图所示。

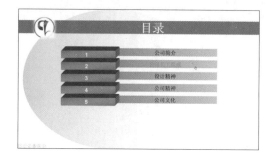

第6步 幻灯片即可跳转至超链接的幻灯片并继续播放，如下图所示。

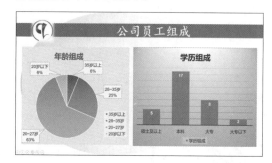

9.6.2 重点：放大幻灯片局部信息

在商务企业宣传演示文稿放映过程中，可以放大幻灯片的局部，强调重点内容，具体操作步骤如下。

第1步 选择第5张幻灯片，单击【幻灯片放映】选项卡下【开始放映幻灯片】组中的【从当前幻灯片开始】按钮，如下图所示。

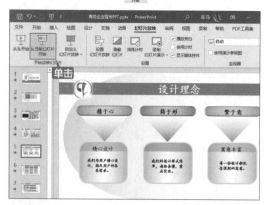

第2步 即可从当前页面开始播放幻灯片，单击屏幕左下角的【放大镜】按钮，如下图所示。

所示。

第3步 当鼠标指针变为放大镜图标时，周围是一个矩形的白色区域，其余部分则变成灰色，矩形所覆盖的区域就是即将放大的区域，如下图所示。

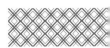

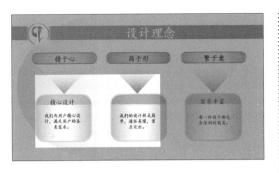

第4步 单击需要放大的区域,即可放大局部幻灯片,如下图所示。

第5步 当不需要进行放大时,按【Esc】键即可停止放大,如下图所示。

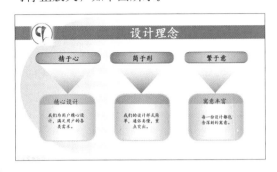

9.6.3 重点:使用画笔来做标记

要想使观看者更加了解幻灯片所表达的意思,就需要在幻灯片中添加标注,以达到演讲者的目的。添加标注的具体操作步骤如下。

第1步 选择第 6 张幻灯片,单击【幻灯片放映】选项卡下【开始放映幻灯片】组中的【从当前幻灯片开始】按钮,或按【Shift+F5】组合键放映幻灯片,如下图所示。

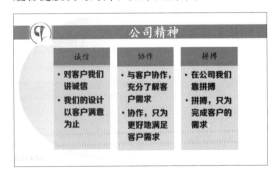

第2步 在放映界面上右击,在弹出的快捷菜单中选择【指针选项】→【笔】选项,如下图所示。

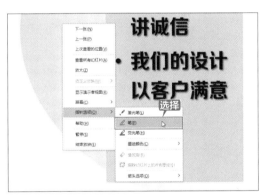

第3步 当鼠标指针变为笔尖形状时,即可在幻灯片中添加标注,如下图所示。

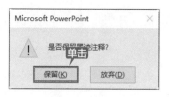

第4步 结束放映幻灯片时，弹出【Microsoft PowerPoint】提示框，单击【保留】按钮，如下图所示。

第5步 即可保留画笔标注，如下图所示。

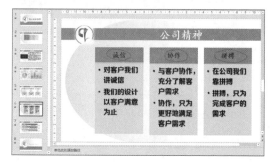

9.6.4 使用绘图功能勾画重点

画笔和荧光笔需要在放映状态下才能使用。PowerPoint 2021 提供了绘图功能，在不放映幻灯片的状态下即可在幻灯片页面中添加标注或勾画重点。使用绘图功能勾画重点的具体操作步骤如下。

第1步 选择第 7 张幻灯片，单击【绘图】选项卡下【绘图工具】组中的【笔：红色，0.5 毫米】按钮，如下图所示。

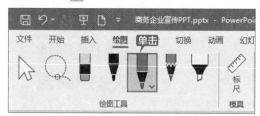

| 提示 |::::::

在【笔】按钮的下拉列表中可设置画笔的粗细和颜色。

第2步 将鼠标指针移至幻灯片中，即可在幻灯片中进行标注，如下图所示。

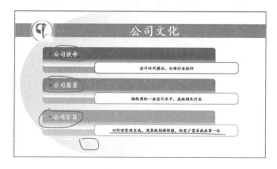

第3步 如果要删除多余的标注，单击【绘图】选项卡下【绘图工具】组中的【橡皮擦】按钮，如下图所示。

第4步 在需要删除的标注上单击，即可将其删除，如下图所示。

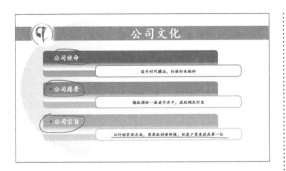

第 5 步 单击【绘图】选项卡下【转换】组中的【将墨迹转换为形状】按钮，如下图所示。

第 6 步 系统会自动将绘图转换为形状，效果如下图所示。

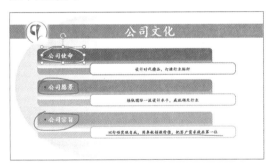

| 提示 |

再次单击【将墨迹转换为形状】按钮，即可退出"将墨迹转换为形状"功能。

第 7 步 单击【绘图】选项卡下【绘图工具】组中的【选择对象】按钮，如下图所示。

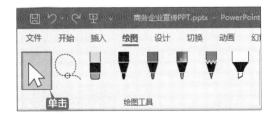

第 8 步 在要选择的标注上单击，即可选中该

标注，然后根据需要对标注进行位置的移动及大小的调整，如下图所示。

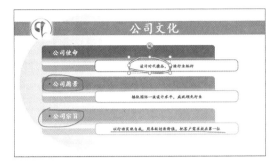

| 提示 |

选择转换后的形状，按【Delete】键，可将选择的形状删除。

第 9 步 如果要批量删除标注，可以单击【绘图】选项卡下【绘图工具】组中的【套索选择】按钮，如下图所示。

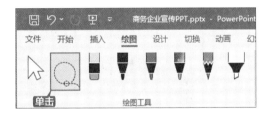

第 10 步 在幻灯片页面中按住鼠标左键进行拖曳，绘制选择范围，即可看到在选择范围中的所有标注都被选中，如下图所示。

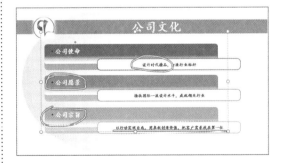

第 11 步 松开鼠标左键，然后按【Delete】键，即可将选中的标注删除，如下图所示。

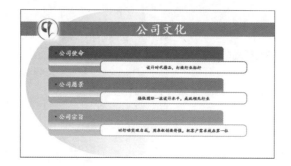

9.6.5 屏蔽幻灯片内容——使用黑屏和白屏

在演示文稿的放映过程中，需要观众关注其他材料时，可以使用黑屏或白屏来屏蔽幻灯片中的内容，具体操作步骤如下。

第1步 单击【幻灯片放映】选项卡下【开始放映幻灯片】组中的【从头开始】按钮 或按【F5】键放映幻灯片，如下图所示。

第2步 在放映幻灯片时，按【W】键，即可使屏幕变为白屏，如下图所示。

第3步 再次按【W】或【Esc】键，即可返回幻灯片放映页面，如下图所示。

第4步 按【B】键，即可使屏幕变为黑屏，如下图所示。

第5步 再次按【B】或【Esc】键，即可返回幻灯片放映页面，如下图所示。

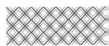
9.6.6 结束幻灯片放映

在放映幻灯片的过程中，幻灯片放映结束可自动结束放映状态，如果要快速中止幻灯片放映，有以下两种方法。

方法一：在幻灯片放映状态下按【Esc】键，即可快速停止放映幻灯片。

方法二：在幻灯片放映状态下，在放映界面上右击，在弹出的快捷菜单中选择【结束放映】选项，即可结束幻灯片放映，如下图所示。

举一
反三

放映产品宣传展示演示文稿

产品宣传展示演示文稿的放映与商务企业宣传演示文稿有很多相似之处，主要是对动画和切换效果的应用。放映这类演示文稿时，可以使用 PowerPoint 2021 提供的排练计时、自定义幻灯片放映、放大幻灯片局部信息、使用画笔来做标记等功能，方便对这些幻灯片进行放映。放映产品宣传展示演示文稿时可以按照以下思路进行。

1. 为幻灯片添加动画

为产品宣传展示演示文稿中的文字、图片、图形等对象添加动画，如下图所示。

2. 为幻灯片添加切换效果

可以为各幻灯片添加切换效果，使幻灯片之间的切换更加自然，如下图所示。

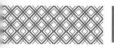

3. 设置演示文稿放映

选择演示文稿的放映方式，并设置演示文稿的放映选项，进行排练计时，如下图所示。

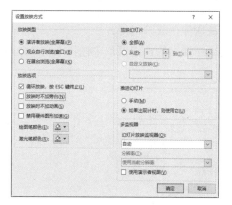

4. 放映幻灯片及控制

选择放映幻灯片的方式，如从头开始放映、从当前幻灯片开始放映或自定义幻灯片放映等，在放映过程中，可以使用幻灯片的跳转、放大幻灯片局部信息、为幻灯片添加标注等来控制幻灯片的放映，如下图所示。

◇ **使用格式刷快速复制动画效果**

在幻灯片的制作中，如果需要对不同的部分使用相同的动画效果，可以先对一个部分设置动画效果，再使用格式刷工具将动画效果复制在其余部分，具体操作步骤如下。

第1步 打开"素材\ch09\ 使用格式刷快速复制动画 .pptx"文件，如下图所示。

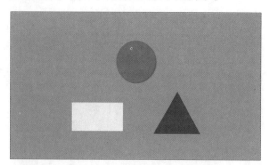

第2步 选中红色圆形，单击【动画】选项卡下【动画】组中的【其他】按钮，在弹出的下拉列表中选择【进入】选项组中的【轮子】选项，如下图所示。

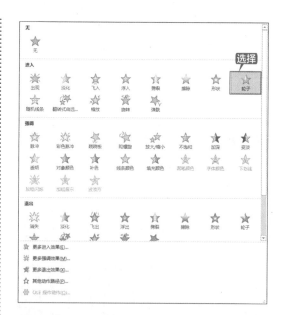

第3步 即可对选中的形状添加"轮子"动画效果，选中添加完成动画的红色圆形，单击【动画】选项卡下【高级动画】组中的【动画刷】按钮，如下图所示。

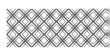

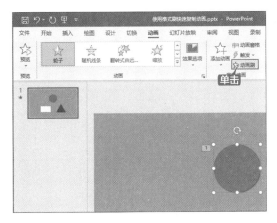

第 4 步 当鼠标指针变为刷子形状时，单击其余图形即可复制动画，如下图所示。

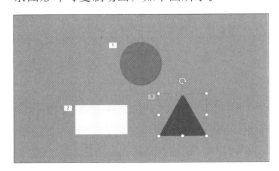

◇ 快速定位幻灯片

在播放 PowerPoint 演示文稿时，如果要快进到或退回第 6 张幻灯片，可以先按下数字【6】键，再按【Enter】键。

◇ 新功能：录制幻灯片演示

PowerPoint 2021 新增了【录制】选项卡，提供了录制幻灯片演示、屏幕录制、另存为幻灯片放映及导出到视频等功能，下面以录制幻灯片演示为例进行介绍。

第 1 步 打开"素材 \ch09\ 新员工培训 PPT. pptx"文件，单击【录制】选项卡下【录制】组中的【录制】按钮，在弹出的下拉列表中选择【从头开始】选项，如下图所示。

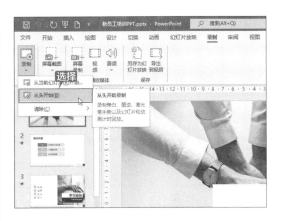

第 2 步 即可开始全屏放映幻灯片，单击左上角的【录制】按钮，即可开始播放幻灯片，如下图所示。

第 3 步 单击下方的画笔并选择颜色，即可在幻灯片中添加标注，如下图所示。

第 4 步 在放映界面左下角会显示本张幻灯片的放映时间及 PPT 文件放映的总时间，如下图所示。

第**4**篇

高效办公篇

本篇主要介绍 Office 高效办公。通过对本章的学习，读者可以掌握使用 Outlook 处理办公事务、收集和处理工作信息、办公中必备的技能及 Office 2021 组件间的协作等。

第 10 章
Outlook 办公应用——使用 Outlook 处理办公事务

本章导读

Outlook 2021 是 Office 2021 办公软件中的电子邮件管理组件，其方便的可操作性和全面的辅助功能为用户进行邮件传输和个人信息管理提供了极大的方便。本章主要介绍配置 Outlook 2021、Outlook 2021 的基本操作、管理邮件和联系人、安排任务及使用日历等内容。

思维导图

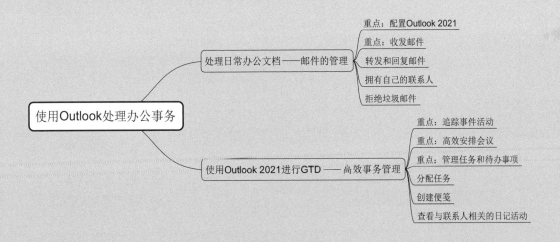

10.1 处理日常办公文档——邮件的管理

Outlook 可以处理日常办公文档，如收发电子邮件、管理联系人、转发和回复邮件等。

10.1.1 重点：配置 Outlook 2021

在使用 Outlook 管理邮件之前，需要对 Outlook 进行配置。在 Windows 10 系统中如果使用 Microsoft 账户登录，则可以直接使用该账号登录 Outlook 2021；如果使用本地账户登录，则需要首先创建数据文件，然后添加账户。配置 Outlook 2021 的具体操作步骤如下。

第1步 打开 Outlook 2021 软件后，选择【文件】选项卡，在弹出的界面中单击【添加账户】按钮，如下图所示。

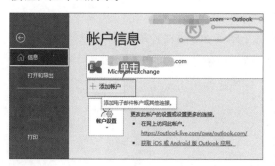

第2步 弹出 Outlook 界面，在【电子邮件地址】文本框中输入 Microsoft 账户名称，单击【连接】按钮，如下图所示。

第3步 此时，可看到下方显示正在添加账户信息，如下图所示。

第4步 稍等片刻，即会弹出【输入密码】对话框，在【输入密码】文本框中输入密码，单击【登录】按钮，如下图所示。

第5步 稍等片刻，即可弹出【已成功添加账户】界面，单击【已完成】按钮，如下图所示。

第6步 返回 Outlook 2021 中，即可看到 Outlook
已配置完成，如下图所示。

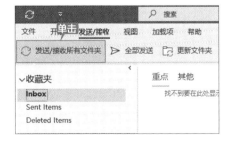

> **提示** ┊┊┊┊┊┊
>
> 如果要删除添加的电子邮件账户，则选
> 中账户并右击，在弹出的快捷菜单中选择【删
> 除】选项，如下图所示。

10.1.2 重点：收发邮件

接收与发送电子邮件是用户最常用的操作。

1. 接收邮件

在 Outlook 2021 中配置邮箱账户后，可
以方便地接收邮件，具体操作步骤如下。

第1步 单击【发送 / 接收】选项卡下的【发
送 / 接收所有文件夹】按钮 ⟳ 发送/接收所有文件夹 ，如
下图所示。

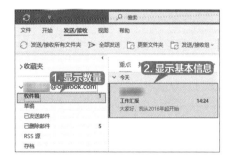

第2步 如果有邮件到达，就会在状态栏中显

示"正在发送"状态的进度，如下图所示。

第3步 接收邮件完毕，在【收藏夹】窗格中
会显示收件箱中收到的邮件数量,而【收件箱】
窗格中则会显示邮件的基本信息，如下图
所示。

第4步 在邮件列表中双击需要浏览的邮件，可以打开邮件工作界面并浏览邮件内容，如下图所示。

2. 发送邮件

电子邮件是 Outlook 2021 中最主要的功能，使用"电子邮件"功能，可以很方便地发送电子邮件，具体操作步骤如下。

第1步 单击【开始】选项卡下的【新建电子邮件】按钮，弹出【未命名－邮件（HTML）】界面，如下图所示。

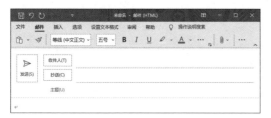

第2步 在【收件人】文本框中输入收件人的 E-mail 地址，在【主题】文本框中根据需要输入邮件的主题，在邮件正文区中输入邮件的内容，如下图所示。

第3步 使用【邮件】选项卡中的相关工具按钮，对邮件文本内容进行调整，调整完成后，单击【发送】按钮，如下图所示。

> **提示**
>
> 若在【抄送】文本框中输入电子邮件地址，那么所填收件人将收到邮件的副本。

第4步 【邮件】界面会自动关闭并返回主界面，在导航窗格的【已发送邮件】窗格中便多了一封已发送的邮件信息，Outlook 会自动将其发送出去，如下图所示。

10.1.3 转发和回复邮件

使用 Outlook 2021 可以转发和回复邮件。

1. 转发邮件

转发邮件即将邮件原文不变或稍加修改后发送给其他联系人，用户可以利用 Outlook 2021 将所收到的邮件转发给一个或多个人，具体操作步骤如下。

第 1 步 选中需要转发的邮件并右击，在弹出的快捷菜单中选择【转发】选项，如下图所示。

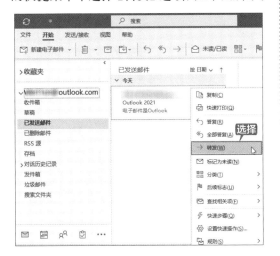

第 2 步 弹出邮件转发界面，在【主题】下方的邮件正文区中输入需要补充的内容，Outlook 系统默认保留原邮件内容，可以根据需要删除。在【收件人】文本框中输入收件人的电子信箱地址，单击【发送】按钮，即可完成邮件的转发，如下图所示。

2. 回复邮件

回复邮件是邮件操作中必不可少的一项，在 Outlook 2021 中回复邮件的具体操作步骤如下。

第 1 步 在收件箱中双击要回复的邮件，即可打开该邮件，然后单击【邮件】选项卡下的【答复】按钮 ↩ 答复 回复，也可以使用【Ctrl+R】组合键回复，如下图所示。

第 2 步 系统弹出【回复】界面，在【主题】下方的邮件正文区中输入需要回复的内容，Outlook 系统默认保留原邮件的内容，可以根据需要删除。内容输入完成后，单击【发送】按钮，即可完成邮件的回复，如下图所示。

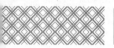

Office 2021 办公应用
从入门到精通

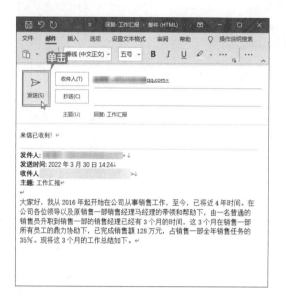

10.1.4 拥有自己的联系人

在 Outlook 2021 中，用户可以拥有自己的联系人，并对其进行管理。

1. 增加和删除联系人

在 Outlook 2021 中可以方便地增加或删除联系人，具体操作步骤如下。

第1步 在 Outlook 主界面中单击【开始】选项卡下的【新建电子邮件】按钮 ☑ 新建电子邮件 ，在弹出的下拉列表中选择【联系人】选项，如下图所示。

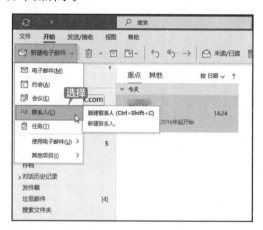

第2步 弹出【联系人】界面，在【姓氏(G)/名字(M)】右侧的两个文本框中输入姓和名；根据实际情况填写公司、部门和职务；单击

右侧的照片区，可以添加联系人的照片或代表联系人形象的照片；在【电子邮件】文本框中输入电子邮件地址、网页地址等。填写完联系人信息后，单击【保存并关闭】按钮 ☑ 保存并关闭 ，即可完成一个联系人的添加，如下图所示。

第3步 要删除联系人，只需在【联系人】视图中选择要删除的联系人，单击【开始】选项卡下的【删除】按钮 🗑 删除 即可，如下图所示。

· 248 ·

2. 建立通信组

如果需要批量添加一组联系人，可以采取建立通信组的方式，具体操作步骤如下。

第1步 在【联系人】视图中单击【开始】选项卡下的【新建联系人】按钮 A≣ 新建联系人 ，在弹出的下拉列表中选择【联系人组】选项，如下图所示。

第2步 弹出【未命名 - 联系人组】界面，在【名称】文本框中输入通信组的名称，如"我的家人"，如下图所示。

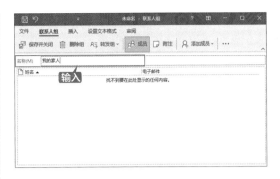

第3步 单击【联系人组】选项卡中的【添加成员】按钮 A 添加成员 ，在弹出的下拉列表中选择【来自 Outlook 联系人】选项，如下图所示。

第4步 弹出【选择成员：联系人】对话框，在下方的联系人列表框中选择需要添加的联系人，单击【成员】按钮，然后单击【确定】按钮，如下图所示。

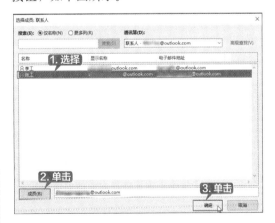

第5步 即可将该联系人添加到"我的家人"联系人组中。重复上述步骤，添加多名成员，构成一个"家人"通信组，然后单击【保存并关闭】按钮 ，即可完成通信组成员的添加，如下图所示。

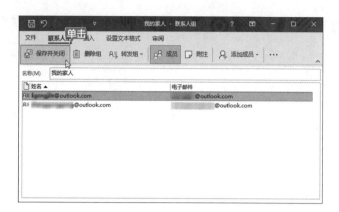

10.1.5 拒绝垃圾邮件

针对大量的邮件管理工作，Outlook 2021为用户提供了垃圾邮件筛选功能，可以根据邮件发送的时间或内容，评估邮件是否为垃圾邮件，用户也可手动设置，定义某个邮件地址发送的邮件为垃圾邮件，具体操作步骤如下。

第1步 在【邮件】视图界面中选中需要定义的邮件，单击【开始】选项卡下的【更多命令】按钮，在弹出的下拉列表中选择【垃圾邮件】→【阻止发件人】选项，如下图所示。

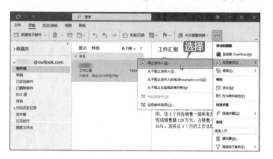

> **提示**
>
> 【从不阻止发件人】选项：会将该发件人的邮件作为非垃圾邮件。
>
> 【从不阻止发件人的域 (@example.com)】选项：会将与该发件人的域相同的邮件都作为非垃圾邮件。
>
> 【从不阻止此组或邮寄列表】选项：会将该邮件的电子邮件地址添加到安全列表。

第2步 弹出【Microsoft Outlook】提示框，

单击【确定】按钮，如下图所示。

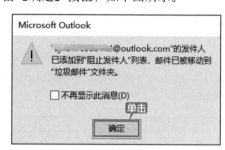

第3步 Outlook 2021 会自动将垃圾邮件放入垃圾邮件文件夹中，如下图所示。

 使用 Outlook 2021 进行 GTD——高效事务管理

使用 Outlook 2021 可以进行高效事务管理，包括追踪事件活动、高效安排会议、管理任务和待办事项、分配任务、创建便笺、查看与联系人相关的日记活动等。

10.2.1 重点：追踪事件活动

用户可以给邮件添加标志分辨邮件的类别，来追踪事件活动，具体操作步骤如下。

第 1 步 选中需要添加标志的邮件，单击【开始】选项卡下的【后续标志】按钮，在弹出的下拉列表中选择【本周】选项，如下图所示。

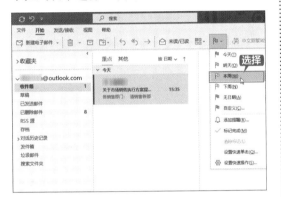

第 2 步 即可为邮件添加标志，如下图所示。

第 3 步 在添加标志的邮件右侧区域，即可看到邮件需要追踪的后续工作，如下图所示。

10.2.2 重点：高效安排会议

使用 Outlook 2021 可以安排会议，然后将会议相关内容发送给参会者，具体操作步骤如下。

第 1 步 单击【开始】选项卡下的【新建电子邮件】按钮，在弹出的下拉列表中选择【会议】选项，如下图所示。

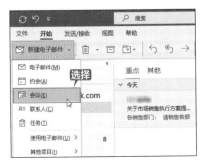

第 2 步 在弹出的【未命名-会议】界面中填写会议标题、会议的开始时间与结束时间、位置和会议内容等，单击【必需】按钮，如下图所示。

第3步 弹出【选择与会者及资源：联系人】对话框，选择联系人后，单击【必选】按钮，然后单击【确定】按钮，如下图所示。

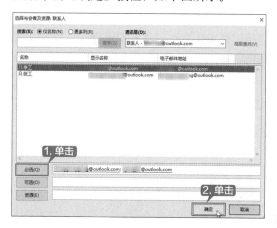

第4步 单击【会议】选项卡下的【提醒】下拉按钮，在弹出的下拉列表中选择提醒时间，如下图所示。

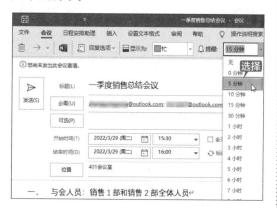

第5步 完成设置后，单击【发送】按钮，即可发送会议邀请，如下图所示。

第6步 如果要临时取消会议，可以在【发件箱】中双击刚才发送的会议邀请，如下图所示。

第7步 打开【会议】界面后，单击【其他操作】按钮，在弹出的下拉列表中选择【日历】选项，如下图所示。

第8步 进入【日历】界面，选择发起的会议并右击，在弹出的快捷菜单中选择【取消会议】选项，如下图所示。

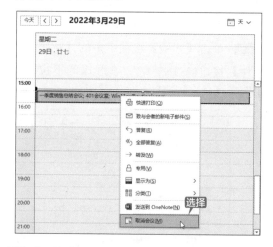

第9步 单击【发送取消通知】按钮，如下图所示。

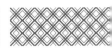

第 10 步 即可发送取消会议的通知，如下图所示。

10.2.3 重点：管理任务和待办事项

使用 Outlook 2021 可以管理个人任务列表，并设置待办事项提醒，具体操作步骤如下。

第 1 步 单击【开始】选项卡下的【新建电子邮件】按钮 ，在弹出的下拉列表中选择【任务】选项，如下图所示。

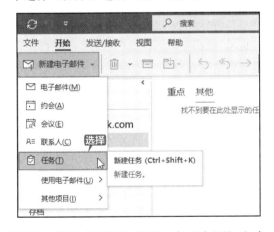

第 2 步 弹出【任务】界面，在【主题】文本框中输入任务名称，然后选择任务的开始日期和截止日期，根据需要设置任务的【状态】和【优先级】等，并选中【提醒】复选框，设置任务的提醒时间，输入任务的内容，如下图所示。

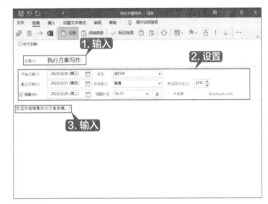

第 3 步 单击【任务】选项卡下的【保存并关闭】按钮 ，关闭【任务】界面，返回 Outlook 主界面。单击界面左下角的 按钮，如下图所示。

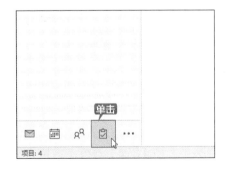

第 4 步 即可进入【任务】界面，在【待办事项列表】视图中可以看到新添加的任务。单击需要查看的任务，在右侧窗格中可以预览

任务内容，如下图所示。

第 5 步 到提示时间时，系统会弹出【1 个提醒】对话框，在下方选择推迟时间为【5 分钟】，单击【推迟】按钮，即可在 5 分钟后再次打开该对话框，如下图所示。

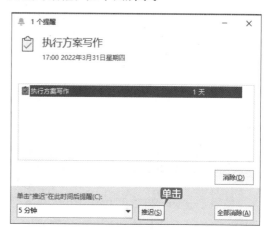

10.2.4 分配任务

如果需要他人来完成这个任务，还可以对任务进行分配，具体操作步骤如下。

第 1 步 在待办列表中双击需要分配的任务，进入任务的编辑页面，单击【任务】选项卡下的【分配任务】按钮 分配任务，如下图所示。

第 2 步 分配任务是指把任务通过邮件发送给其他人，使得他人可以执行任务。在【收件人】文本框中输入收件人的电子邮件地址，单击【发送】按钮即可，如下图所示。

10.2.5 创建便笺

Outlook 便笺可以记录一些简单信息作为短期的备忘和提醒。创建便笺的具体操作步骤如下。

第 1 步 单击界面左下角的 ··· 按钮，在弹出的下拉列表中选择【便笺】选项，如下图所示。

第2步 弹出【我的便笺】面板，单击【开始】选项卡下的【新便笺】按钮 📄 新便笺，如下图所示。

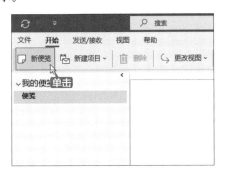

| 提示 |

在右侧的空白区域双击，也可创建便笺。

第3步 即可弹出便笺界面，输入内容，然后单击【关闭】按钮 ⊠，如下图所示。

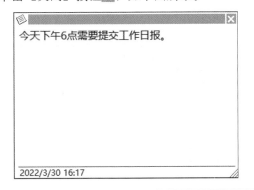

第4步 即可保存便笺，返回【便笺】视图界面，即可看到创建的便笺，如下图所示。

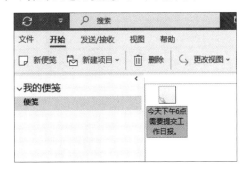

第5步 再次打开时，双击便笺文件夹即可重新打开，如下图所示。

10.2.6 查看与联系人相关的日记活动

Outlook 中可以查看与联系人相关的日记活动，方便记录办公日记，具体操作步骤如下。

第1步 在【邮件】视图界面中单击左下角的 ⋯ 按钮，在弹出的下拉列表中选择【文件夹】选项，如下图所示。

第2步 在左侧列表中选择【日记】选项，如下图所示。

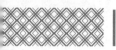

第3步 进入【日记】界面，在搜索框中输入联系人的名字或邮件地址，按【Enter】键即可显示搜索结果，如下图所示。

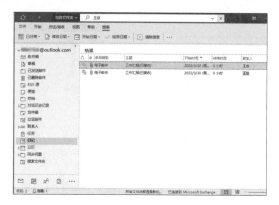

◇ 设置签名邮件

Outlook 中可以设置签名邮件，具体操作步骤如下。

第1步 单击【开始】选项卡下的【新建电子邮件】按钮，如下图所示。

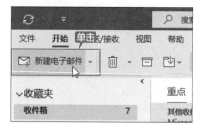

第2步 弹出【未命名－邮件（HTML）】界面，单击【更多命令】按钮，在弹出的下拉列表中选择【签名】→【签名】选项，如下图所示。

第3步 弹出【签名和信纸】对话框，在【电子邮件签名】选项卡下【选择要编辑的签名】选项区域中单击【新建】按钮，如下图所示。

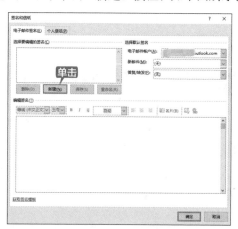

第4步 弹出【新签名】对话框，在【键入此签名的名称】文本框中输入名称，单击【确定】按钮，如下图所示。

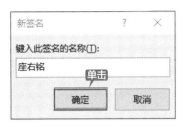

第5步 返回【签名和信纸】对话框，在【编辑签名】选项区域中输入签名的内容，设置文本格式后，单击【确定】按钮，如下图所示。

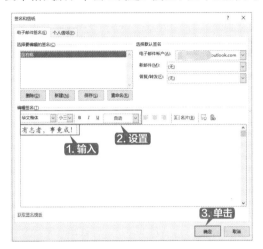

第6步 在【未命名 - 邮件（HTML）】界面中单击【更多命令】按钮[···]，在弹出的下拉列表中选择【签名】→【座右铭】选项，如下图所示。

第7步 即可在编辑区域中出现签名，如下图所示。

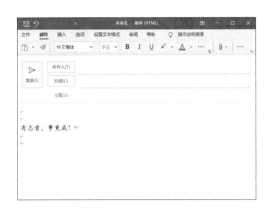

◇ 新功能：即时搜索信息

Outlook 2021 提供了"即时搜索"功能，并将搜索框显示在标题栏中，用户可以通过不同的类目搜索电子邮件，如按照收件人、发件人、主题、是否有附件、未读邮件、分类或标记等搜索邮件。

第1步 在标题栏的搜索框中可以输入搜索的发件人的电子邮件地址或名称，如下图所示，按【Enter】键即可显示搜索结果。

第2步 如果需要更加详细的搜索，可以单击搜索框后的【高级搜索】按钮[ⅴ]，打开【高级搜索】面板，输入搜索信息后，单击【搜索】按钮即可，如下图所示。

第3步 如果上面的搜索功能依然不能满足搜索要求，可以在单击搜索框后，在打开的【搜索】选项卡中按照不同的邮件类型进行搜索，如下图所示。

第11章

OneNote 办公应用——
收集和处理工作信息

📖 本章导读

OneNote 2021 是微软公司推出的一款数字笔记本，用户使用它可以快速收集、组织工作和生活中的各种图文资料，与 Office 2021 的其他办公组件结合使用，可以大大提高工作效率。

✈ 思维导图

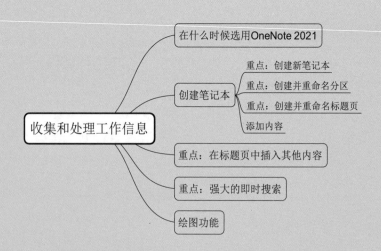

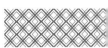

11.1 在什么时候选用 OneNote 2021

OneNote 2021 是一款自由度很高的笔记应用，其用户界面的功能区设计层次清晰，而且 OneNote 的"自由编辑模式"功能使用户无须再遵守一行行的段落格式进行文字编辑，可以在任意位置安放文本、图片或表格等。也就是说，用户可以在任何位置随时使用它记录自己的想法、添加图片、记录待办事项，甚至是即兴的涂鸦。OneNote 支持多平台保存和同步，因此在任何设备上都可以看到最新的笔记内容。

用户可以将 OneNote 作为一个简单的笔记本使用，随时记录工作内容，将工作中遇到的问题和学到的知识记录到笔记本中，或者将 OneNote 作为一个清单应用使用，将生活和工作中需要办理的事一一记录下来，有计划地去完成，可以有效防止工作内容的遗漏和混乱，如下图所示。

用户同样可以将 OneNote 作为一个涂鸦板，进行简单的绘图操作或创建简单的思维导图，或者在阅读文件时做一些简单的批注，如下图所示。

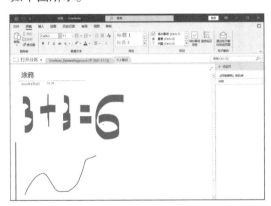

还可以将 OneNote 作为一个随心笔记，将感悟、心得体会随时记录，如下图所示。

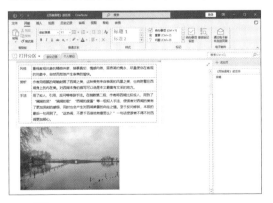

无论是 PC 版还是移动版，OneNote 的使用方式都非常简单，结合越来越多的插件，用户可以发挥自己的创意去创建各种各样的笔记，以发挥其最大的功能。

11.2 创建笔记本

使用 OneNote 2021 之前，首先需要创建笔记本，并在笔记本中添加分区和标题页。

11.2.1 重点: 创建新笔记本

在 OneNote 2021 中可以创建多个笔记本，具体操作步骤如下。

第 1 步 打开 OneNote 2021，在【单击此处添加笔记本，或转到"文件">"打开"以打开现有笔记本。】区域单击，如下图所示。

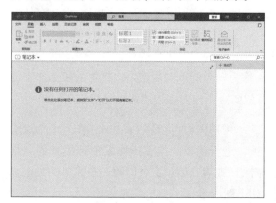

第 2 步 即可打开【新建】窗口，在【笔记本名称】文本框中输入笔记本名称，这里输入"我的笔记本"，单击【创建笔记本】按钮，如下图所示。

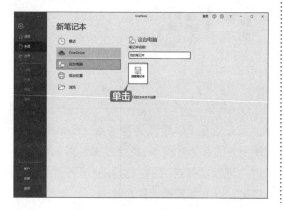

第 3 步 即可看到创建的笔记本，如下图所示。

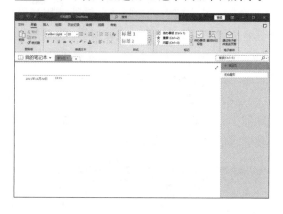

| 提示 |

如果要添加新的笔记本，可以直接单击【我的笔记本】选项区域中的 + 按钮。

11.2.2 重点: 创建并重命名分区

在笔记本中允许创建多个分区，分区的主要作用是分隔笔记本，就像文件夹中的子文件夹，用于管理不同的笔记。创建并重命名分区的具体操作步骤如下。

第 1 步 单击【我的笔记本】选项区域中的 + 按钮，即可建立新的分区，如下图所示。

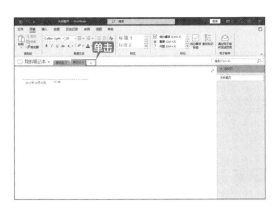

第2步 在【新分区 1】标题上右击，在弹出的快捷菜单中选择【重命名】选项，如下图所示。

第3步 将其名称更改为"会议记录"，在其他位置单击，即可看到重命名分区后的效果，

如下图所示。

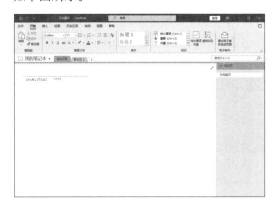

第4步 使用同样的方法，将【新分区 2】命名为"个人笔记"，效果如下图所示。

11.2.3 重点：创建并重命名标题页

每个分区可以包含多个标题页，每个标题页相当于子文件夹中的一个文件，用于记录笔记，创建并重命名标题页的具体操作步骤如下。

第1步 选择【会议记录】分区，单击【+添加页】按钮，即可建立新的标题页，如下图所示。

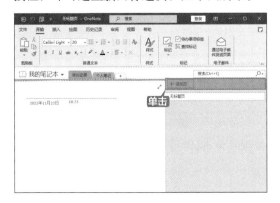

第2步 在第一个【无标题页】标题页上右击，在弹出的快捷菜单中选择【重命名】选项，如下图所示。

第3步 即可进入该页面，在标题区域输入"2021年9月1日会议记录"，在其他位置单击，即可看到重命名标题页后的效果，如下图所示。

第4步 使用同样的方法，将下方的标题页重命名为"2021年9月7日会议记录"，效果如下图所示。

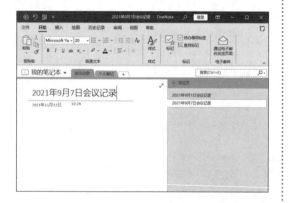

> **提示**
>
> 如果要删除标题页，可以在要删除的标题页上右击，在弹出的快捷菜单中选择【删除】选项即可，如下图所示。

第5步 如果要将【2021年9月7日会议记录】标题页设置为【2021年9月1日会议记录】页面的子页，可以在该标题页上右击，在弹出的快捷菜单中选择【降级子页】选项，如下图所示。

第6步 即可将该页面设置为上一个页面的子页，如下图所示。

> **提示**
>
> 再次单击鼠标右键，在弹出的快捷菜单中选择【升级子页】选项，即可将其升级为普通标题页。

11.2.4 添加内容

创建标题页后，即可在标题页中添加记录内容，具体操作步骤如下。

第1步 选择【2021年9月1日会议记录】页面，在空白位置处单击，即可开始输入内容，如下图所示。

第 2 步 选择"会议议程"文本，在【开始】
选项卡下设置【字体】为【微软雅黑】、【字
号】为【14】，并单击【加粗】按钮 **B**，效
果如下图所示。

第 3 步 选择下方的正文内容，单击【编号】
按钮，在弹出的下拉列表中选择一种编号样
式，如下图所示。

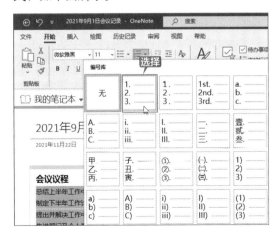

第 4 步 即可看到为文本添加编号后的效果，
如下图所示。

第 5 步 使用同样的方法，在页面中添加其他
内容，效果如下图所示。

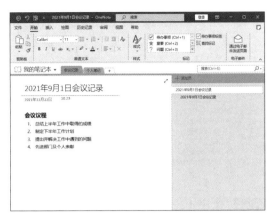

第 6 步 选择包含文本的文本框，按住鼠标左
键并拖曳，可以调整文本框的位置，效果如
下图所示。

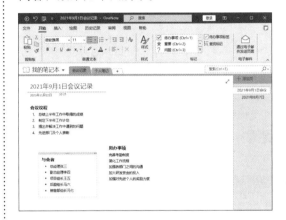

第 7 步 选择【拟办事项】文本框，单击【开始】
选项卡下的【待办事项标签】按钮，
即可在前方添加复选框，如下图所示。

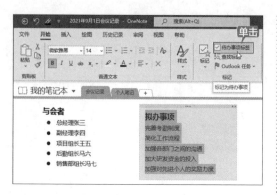

第8步 选择【会议议程】文本框中的"制定下半年工作计划",单击【开始】选项卡下的【标记】按钮,在弹出的下拉列表中选

择【重要】选项,即可在该项目前添加表示"重要"的符号,如下图所示。

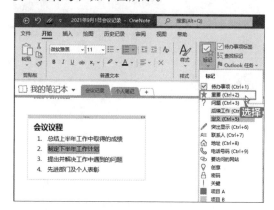

11.3 重点:在标题页中插入其他内容

在标题页中除了添加文字,还可以插入文件、表格、图片、在线视频、链接及音频等内容。在 OneNote 2021 的标题页中插入表格、图片等内容的具体操作步骤如下。

第1步 在 OneNote 2021 中,选择【个人笔记】分区,如下图所示。

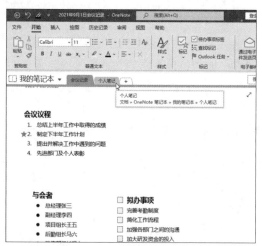

第2步 即可进入【个人笔记】分区下的【无标题页】页面,如下图所示。

第3步 在页面中输入标题"《西湖漫笔》读后感",如下图所示。

第4步 单击【插入】选项卡下的【表格】按钮，在弹出的下拉列表中选择要插入表格的行数和列数，如下图所示。

第5步 即可看到插入的表格效果，如下图所示。

第6步 在表格中输入文字，并拖曳表格边框调整表格的大小，效果如下图所示。

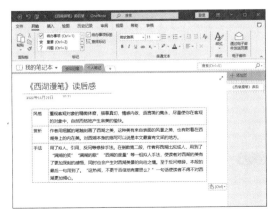

第7步 选择要插入图片的位置，单击【插入】选项卡下的【图片】按钮，如下图所示。

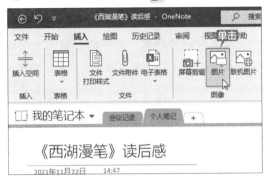

第8步 弹出【插入图片】对话框，选择要插入的图片，单击【插入】按钮，如下图所示。

第9步 即可将图片插入页面中，效果如下图所示。

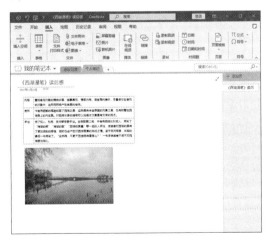

┃ 提示 ┃

在标题页中插入文件、在线视频、链接、音频等的操作与插入表格、图片的操作类似，这里不再赘述。

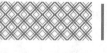

11.4 重点：强大的即时搜索

随着时间的推移，笔记的数量和内容会越来越多，逐一查找笔记内容就很费时费力。OneNote 的"即时搜索"功能是提高工作效率的又一个有效方法，如果要精确查找笔记内容，输入关键字，就可以找到相应内容，具体操作步骤如下。

第1步 在 OneNote 界面中，单击功能区下方搜索框或按【Ctrl+E】组合键，如下图所示。

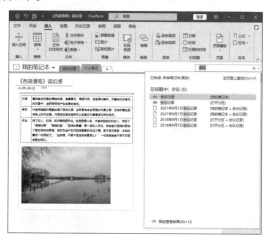

第2步 在搜索框中输入需要搜索的信息"会议"，即可显示所有包含"会议"字段的笔记内容，如下图所示。

11.5 绘图功能

OneNote 提供了不同颜色、不同类型的画笔，可以使用鼠标绘制各类图形，具体操作步骤如下。

第1步 打开 OneNote 2021，在【个人笔记】分区新建标题页，并将其命名为"涂鸦"，如下图所示。

第2步 在【绘图】选项卡下选择【紫色 荧光笔】选项，如下图所示。

第3步 之后就可以在标题页中绘制各类图形，如下图所示。

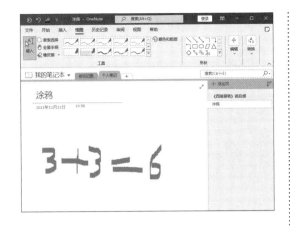

如果要将墨迹转换为图形,可以单击【绘图】选项卡下【转换】组中的【将墨迹转换为形状】按钮。

第4步 单击【绘图】选项卡下【形状】组中的【其他】按钮 ▾ ,在弹出的下拉列表中选择一种形状,这里选择 XY 坐标轴,如下图所示。

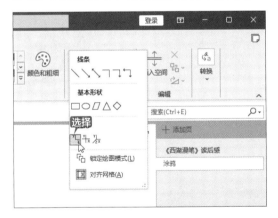

第5步 在空白区域按住鼠标左键并拖曳,即可完成形状的绘制,如下图所示。

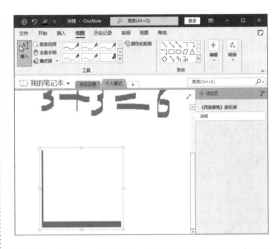

第6步 更换一种画笔,继续在绘制的坐标轴形状中添加线条,如下图所示。

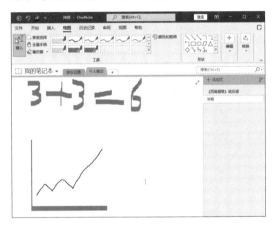

| 提示 |

绘制形状后,如果要再次编辑形状,可以单击【套索选择】按钮,然后按住鼠标左键选择要编辑的形状。

◇ 共享文档和笔记

创建的笔记内容可以与他人进行共享,具体操作步骤如下。

第1步 在 OneNote 界面中,选择【文件】选项卡,在弹出的界面左侧选择【共享】选项,

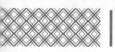

在右侧的【共享笔记本】选项区域中选择
【OneDrive- 个人】选项，单击【移动笔记本】
按钮，如下图所示。

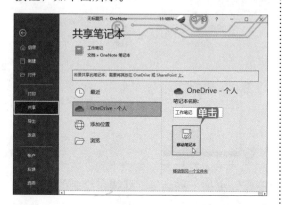

第2步 在【共享】界面的【键入名称或电子
邮件地址以邀请某人】文本框中输入对方的
电子邮件地址，在右侧的下拉列表中选择共

享权限，如这里选择【可编辑】选项，单击【共
享】按钮，即可与其他用户共享笔记内容，
如下图所示。

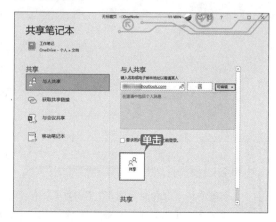

第 12 章
办公中必备的技能

📖 本章导读

　　打印机是自动化办公中不可缺少的组成部分，是重要的输出设备之一。具备办公管理所需的知识与经验，能够熟练操作常用的办公器材是十分必要的。本章主要介绍添加打印机、打印 Word 文档、打印 Excel 表格、打印演示文稿的方法。

✈ 思维导图

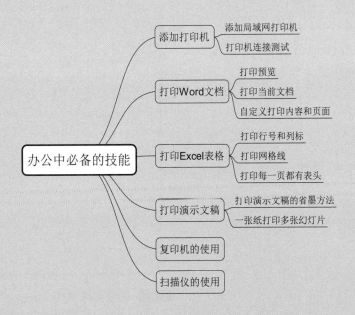

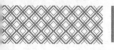

12.1 添加打印机

打印机是自动化办公中不可缺少的一个组成部分，是重要的输出设备之一。通过打印机，用户可以将计算机中编辑好的文档、图片等资料打印输出到纸上，从而方便将资料进行存档、报送及做其他用途。

12.1.1 添加局域网打印机

连接打印机后，如果计算机没有检测到新硬件，可以通过安装打印机的驱动程序的方法添加局域网打印机，具体操作步骤如下。

第1步 在【开始】按钮上右击，在弹出的快捷菜单中选择【控制面板】选项，打开【控制面板】窗口，单击【硬件和声音】下的【查看设备和打印机】链接，如下图所示。

第2步 弹出【设备和打印机】窗口，单击【添加打印机】按钮 添加打印机 ，如下图所示。

第3步 即可打开【添加设备】窗口，系统会自动搜索网络中的可用打印机，选择搜索到

的打印机名称，单击【下一页】按钮，如下图所示。

| 提示 |:::::::

如果需要安装的打印机不在列表中，可单击左下角的【我所需的打印机未列出】链接，在打开的【按其他选项查找打印机】对话框中选择其他的打印机，如下图所示。

第4步 在接下来的界面中输入 WPS PIN，然后单击【下一页】按钮，进行打印机连接，

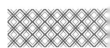

如下图所示。

第5步 即可提示打印机安装完成。如果需要打印测试页看打印机是否安装完成，单击【打印测试页】按钮，即可打印测试页。单击【完成】按钮，就完成了打印机的安装，如下图所示。

12.1.2 打印机连接测试

安装打印机之后，需要测试打印机的连接是否有误，最直接的方式就是打印测试页。

1. 安装驱动过程中测试

安装驱动的过程中，在提示打印机安装成功界面单击【打印测试页】按钮，如果能正常打印，就表示打印机连接正常，单击【完成】按钮完成打印机的安装，如下图所示。

第6步 在【设备和打印机】窗口中，用户可以看到新添加的打印机，如下图所示。

| 提示 |

如果有驱动光盘，直接运行光盘，双击 Setup.exe 文件即可。

| 提示 |

如果不能打印测试页，表明打印机安装不正确，可以通过检查打印机是否已开启、打印机是否在网络中及重装驱动来排除故障。

2. 在【属性】对话框中测试

在【属性】对话框中测试打印机是否连接正常的具体操作步骤如下。

第1步 在【开始】按钮上右击，在弹出的快捷菜单中选择【控制面板】选项，打开【控制面板】窗口，单击【硬件和声音】下的【查看设备和打印机】链接，如下图所示。

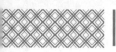

第3步 弹出【属性】对话框，在【常规】选项卡下单击【打印测试页】按钮，如果能够正常打印，就表示打印机连接正常，如下图所示。

第2步 弹出【设备和打印机】窗口，在要测试的打印机上右击，在弹出的快捷菜单中选择【打印机属性】选项，如下图所示。

12.2 打印 Word 文档

文档打印出来可以方便用户进行存档或传阅。本节讲述 Word 文档打印的相关知识。

12.2.1 打印预览

在进行文档打印之前，最好先使用打印预览功能查看即将打印文档的效果，以免出现错误，浪费纸张。

打开"素材\ch12\培训资料.docx"文件，选择【文件】选项卡，在弹出的界面左侧选择【打印】选项，在右侧即可显示打印预览效果，如下图所示。

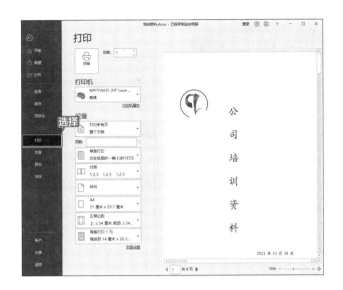

12.2.2 打印当前文档

当用户在打印预览中对所打印文档的效果感到满意时，就可以对文档进行打印，具体操作步骤如下。

第1步 在打开的"培训资料.docx"文档中，选择【文件】选项卡，在弹出的界面左侧选择【打印】选项，在右侧的【打印机】下拉列表中选择打印机，如下图所示。

第2步 在【设置】选项区域中单击【打印所有页】下拉按钮，在弹出的下拉列表中选择【打印所有页】选项，如下图所示。

第3步 在【份数】微调框中设置需要打印的份数，如这里输入"3"，单击【打印】按钮即可打印当前文档，如下图所示。

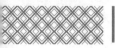
12.2.3 自定义打印内容和页面

打印文本内容时，并没有要求一次至少要打印一张。有时可以只打印所需要的，而不打印那些无用的内容。

1. 自定义打印内容

自定义打印内容的具体操作步骤如下。

第1步 在打开的"培训资料.docx"文档中，选择要打印的文档内容，如下图所示。

第2步 选择【文件】选项卡，在弹出的界面左侧选择【打印】选项，在右侧的【设置】选项区域中单击【打印所有页】下拉按钮，在弹出的下拉列表中选择【打印选定区域】选项。设置要打印的份数，单击【打印】按钮即可进行打印，如下图所示。

> **提示**
>
> 打印后，就可以看到仅打印出了所选择的文本内容。

2. 打印当前页面

打印当前页面的具体操作步骤如下。

第1步 在打开的文档中，将光标定位在要打印的 Word 页面，如下图所示。

第2步 选择【文件】选项卡，在弹出的界面左侧选择【打印】选项，在右侧的【设置】选项区域中单击【打印所有页】下拉按钮，在弹出的下拉列表中选择【打印当前页面】选项，如下图所示，单击【打印】按钮即可进行打印。

3. 打印连续或不连续页面

在打开的文档中，选择【文件】选项卡，在弹出的界面左侧选择【打印】选项，在右侧的【设置】选项区域的【页数】文本框中输入要打印的页码，如"2-4,6"，表示打印第 2 ～ 4 页和第 6 页内容，此时【页数】文本框上方的选项则变为【自定义打印范围】，单击【打印】按钮即可打印所选页码内容，如下图所示。

提示

连续页码可以使用英文半角连接符，不连续的页码可以使用英文半角逗号分隔。

12.3 打印 Excel 表格

打印 Excel 表格时，用户也可以根据需要设置 Excel 表格的打印方法，如在同一页面打印不连续的区域，打印行号、列标或每页都打印标题行等。

12.3.1 打印行号和列标

在打印 Excel 表格时可以根据需要将行号和列标打印出来，具体操作步骤如下。

第1步 打开"素材 \ch12\ 客户信息管理表 .xlsx"文件，选择【文件】选项卡，在弹出的界面左侧选择【打印】选项，在右侧即可显示打印预览效果，默认情况下不打印行号和列标。单击【设置】选项区域中的【页面设置】超链接 ，如下图所示。

第2步 弹出【页面设置】对话框，在【工作表】选项卡下【打印】选项区域中选中【行和列标题】复选框，单击【确定】按钮，如下图所示。

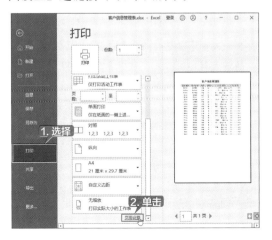

第3步 在预览区域中即可看到添加行和列标题后的打印预览效果，如下图所示。

	A	B	C	D	E	F
1			客户信息管理表			
2	客户编号	客户名称	省份	联系人	电子邮箱	手机号码
3	HN001	HN商贸	河南	张××	××ANG××@163.com	138×××0001
4	HN002	HN实业	河南	王××	××G××@163.com	138×××0002
5	HN003	HN装饰	河南	李××	LI××@163.com	138×××0003
6	SC001	SC商贸	四川	赵××	ZHAO××@163.com	138×××0004
7	SC002	SC实业	四川	周××	××@163.com	138×××0005
8	SC003	SC装饰	四川	钱××	QIAN××@163.com	138×××0006
9	AH001	AH商贸	安徽	朱××	×××@163.com	138×××0007
10	AH002	AH实业	安徽	金××	JIN××@163.com	138×××0008
11	AH003	AH装饰	安徽	胡××	HU××@163.com	138×××0009
12	SH001	SH商贸	上海	马××	××@163.com	138×××0010
13	SH002	SH实业	上海	孙××	SUN××@163.com	138×××0011
14	SH003	SH装饰	上海	刘××	LIU××@163.com	138×××0012
15	TJ001	TJ商贸	天津	吴××	WU××@163.com	138×××0013
16	TJ002	TJ实业	天津	郑××	×××@163.com	138×××0014
17	TJ003	TJ装饰	天津	陈××	CHEN××@163.com	138×××0015
18	SD001	SD商贸	山东	吕××	LV××@163.com	138×××0016
19	SD002	SD实业	山东	韩××	××@163.com	138×××0017
20	SD003	SD装饰	山东	卫××	WEI××@163.com	138×××0018
21	JL001	JL商贸	吉林	沈××	××@163.com	138×××0019
22	JL002	JL实业	吉林	孔××	×××@163.com	138×××0020
23	JL003	JL装饰	吉林	毛××	MAO××@163.com	138×××0021

12.3.2 打印网格线

在打印 Excel 表格时默认情况下不打印网格线，如果表格中没有设置边框，可以在打印时将网格线显示出来，具体操作步骤如下。

第1步 在打开的素材文件中，再次打开【页面设置】对话框，在【工作表】选项卡下【打印】选项区域中选中【网格线】复选框，单击【确定】按钮，如下图所示。

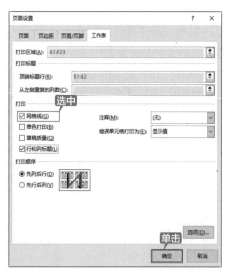

第2步 在预览区域中即可看到添加网格线后

的打印预览效果，如下图所示。

	A	B	C	D	E	F
1			客户信息管理表			
2	客户编号	客户名称	省份	联系人	电子邮箱	手机号码
3	HN001	HN商贸	河南	张××	××ANG××@163.com	138×××0001
4	HN002	HN实业	河南	王××	××G××@163.com	138×××0002
5	HN003	HN装饰	河南	李××	LI××@163.com	138×××0003
6	SC001	SC商贸	四川	赵××	ZHAO××@163.com	138×××0004
7	SC002	SC实业	四川	周××	××@163.com	138×××0005
8	SC003	SC装饰	四川	钱××	QIAN××@163.com	138×××0006
9	AH001	AH商贸	安徽	朱××	×××@163.com	138×××0007
10	AH002	AH实业	安徽	金××	JIN××@163.com	138×××0008
11	AH003	AH装饰	安徽	胡××	HU××@163.com	138×××0009
12	SH001	SH商贸	上海	马××	××@163.com	138×××0010
13	SH002	SH实业	上海	孙××	SUN××@163.com	138×××0011
14	SH003	SH装饰	上海	刘××	LIU××@163.com	138×××0012
15	TJ001	TJ商贸	天津	吴××	WU××@163.com	138×××0013
16	TJ002	TJ实业	天津	郑××	×××@163.com	138×××0014
17	TJ003	TJ装饰	天津	陈××	CHEN××@163.com	138×××0015
18	SD001	SD商贸	山东	吕××	LV××@163.com	138×××0016
19	SD002	SD实业	山东	韩××	××@163.com	138×××0017
20	SD003	SD装饰	山东	卫××	WEI××@163.com	138×××0018
21	JL001	JL商贸	吉林	沈××	××@163.com	138×××0019
22	JL002	JL实业	吉林	孔××	×××@163.com	138×××0020
23	JL003	JL装饰	吉林	毛××	MAO××@163.com	138×××0021

> **提示**
>
> 选中【单色打印】复选框，可以以灰度的形式打印工作表。选中【草稿质量】复选框，可以节约耗材、提高打印速度，但打印质量会降低。

12.3.3 打印每一页都有表头

如果工作表中内容较多，那么除了第1页，其他页面都不显示标题行。设置每页都打印标

题行的具体操作步骤如下。

第1步 打开"素材 \ch12\ 分页打印 .xlsx"文件，选择【文件】选项卡，在弹出的界面左侧选择【打印】选项，单击右侧打印预览区域下的【下一页】按钮▶，可以看到第 2 页不显示标题行，如下图所示。

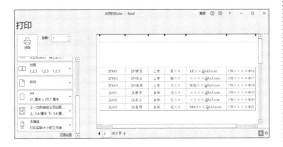

第2步 返回工作表操作界面，单击【页面布局】选项卡下【页面设置】组中的【打印标题】按钮，如下图所示。

第3步 打开【页面设置】对话框，在【工作表】选项卡下【打印标题】选项区域中单击【顶端标题行】文本框右侧的【折叠】按钮，如下图所示。

第4步 弹出【页面设置 - 顶端标题行：】对话框，选择第 1 行至第 2 行，单击【展开】按钮，如下图所示。

第5步 返回【页面设置】对话框，单击【打印预览】按钮，如下图所示。

第6步 在打印预览界面中选择"第 2 页"，即可看到第 2 页上方显示的标题行，如下图所示。

| 提示 |

使用同样的方法，还可以在每页都打印左侧标题列。

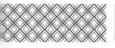

12.4 打印演示文稿

常用的演示文稿打印主要包括打印当前幻灯片、灰度打印及在一张纸上打印多张幻灯片等。

12.4.1 打印演示文稿的省墨方法

幻灯片通常是彩色的，并且内容较少。在打印幻灯片时，以灰度的形式打印可以省墨。设置灰度打印演示文稿的具体操作步骤如下。

第1步 打开"素材 \ch12\ 推广方案 .pptx"文件，如下图所示。

第2步 选择【文件】选项卡，在弹出的界面左侧选择【打印】选项，在右侧的【设置】选项区域中单击【颜色】下拉按钮，在弹出的下拉列表中选择【灰度】选项，如下图所示。

第3步 此时，可以看到右侧的预览区域幻灯片以灰度的形式显示，如下图所示。

12.4.2 一张纸打印多张幻灯片

在一张纸上打印多张幻灯片，可以节省纸张，具体操作步骤如下。

第1步 在打开的"推广方案 .pptx"演示文稿中，选择【文件】选项卡，在弹出的界面左侧选择【打印】选项，在右侧的【设置】选项区域中，单击【整页幻灯片】下拉按钮，在弹出的下拉列表中选择【6 张水平放置的幻灯片】选项，设置每张纸打印 6 张幻灯片，如下图所示。

第2步 此时，可以看到右侧的预览区域一张纸上显示了6张幻灯片，如下图所示。

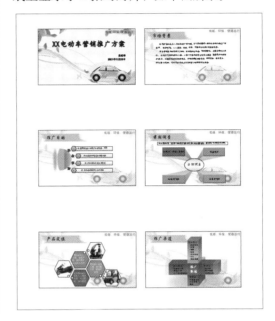

12.5 复印机的使用

复印机是从书写、绘制或印刷的原稿得到等倍、放大或缩小的复印品的设备。复印机复印的速度快，操作简便，与传统的铅字印刷、蜡纸油印、胶印等的主要区别是无须经过其他制版等中间手段，而能直接从原稿获得复印品，复印份数不多时较为经济。复印机发展的总体趋势为从低速到高速、从黑白过渡到彩色（数码复印机与模拟复印机的对比）。至今，复印机、打印机、传真机已融为一体，如下图所示。

复印机的使用方法主要是，打开复印机翻盖，将要复印的文件放进去，把文档有字的一面向下，盖上机器的盖子，选择复印机上的【复印】按钮进行复制。部分机器需要按【复印】按钮后，然后再按一下复印机的【开始】或【启用】按钮进行复制。

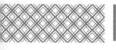

12.6 扫描仪的使用

扫描仪的作用是将稿件上的图像或文字输入计算机中。如果是图像，则可以直接使用图像处理软件进行加工；如果是文字，则可以通过 OCR 软件把图像文本转化为计算机能识别的文本文件，这样可以节省把字符输入计算机中的时间，大大提高输入速度。

目前，许多类型的办公和家用扫描仪均配有 OCR 软件，如紫光的扫描仪配备了紫光 OCR，中晶的扫描仪配备了尚书 OCR，Mustek 的扫描仪配备了丹青 OCR 等。扫描仪与 OCR 软件共同承担着从文稿的输入到文字识别的全过程。

通过扫描仪和 OCR 软件，就可以对报纸、杂志等媒体上刊载的有关文稿进行扫描，随后进行 OCR 识别（或存储成图像文件，留待以后进行 OCR 识别），将图像文件转换成文本文件或 Word 文件进行存储。

1. 安装扫描仪

扫描仪的安装与安装打印机类似，但不同接口的扫描仪安装方法不同。如果扫描仪的接口是 USB 类型的，用户需要在【设备管理器】中查看 USB 装置是否工作正常，然后再安装扫描仪的驱动程序，之后重新启动计算机，并用 USB 连线把扫描仪接好，随后计算机就会自动检测到新硬件。

查看 USB 装置是否正常的具体操作步骤如下。

第1步 在计算机桌面的【此电脑】图标上右击，在弹出的快捷菜单中选择【属性】选项，如下图所示。

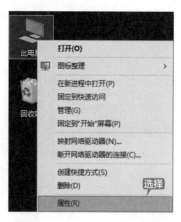

第2步 弹出【设置】窗口，单击界面右侧的【设备管理器】链接，如下图所示。

第3步 弹出【设备管理器】窗口，展开【通用串行总线控制器】列表，查看 USB 设备是否正常工作，如果有问号或叹号都是不能正常工作的提示，如下图所示。

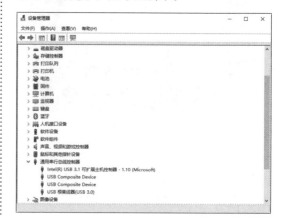

2. 扫描文件

扫描文件先要启动扫描程序，再将要扫描的文件放入扫描仪中，运行扫描仪程序。

单击【开始】按钮，在弹出的开始菜单中选择【W】→【Windows 附件】→【Windows 传真和扫描】选项，打开【Windows 传真和扫描】窗口，单击【新扫描】按钮即可，如下图所示。

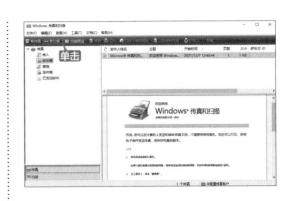

◇ 节省办公耗材——双面打印文档

打印文档时，可以将文档在纸张上双面打印，节省办公耗材。设置双面打印文档的具体操作步骤如下。

第1步 打开"培训资料 .docx"文档，选择【文件】选项卡，在弹出的界面左侧选择【打印】选项，进入打印预览界面，如下图所示。

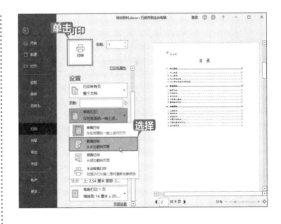

第2步 在右侧的【设置】选项区域中单击【单面打印】下拉按钮，在弹出的下拉列表中选择【双面打印】选项。然后选择打印机并设置打印份数，单击【打印】按钮，即可双面打印当前文档，如下图所示。

提示

双面打印包含【从长边翻转页面】和【从短边翻转页面】两个选项。选择【从长边翻转页面】选项，打印后的文档便于按长边翻阅；选择【从短边翻转页面】选项，打印后的文档便于按短边翻阅。

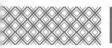

◇ 将打印内容缩放到一页上

打印 Word 文档时，可以将多个页面上的内容缩放到一页上打印，具体操作步骤如下。

第1步 打开"培训资料.docx"文档，选择【文件】选项卡，在弹出的界面左侧选择【打印】选项，进入打印预览界面，如下图所示。

第2步 在【设置】选项区域中单击【每版打印 1 页】下拉按钮，在弹出的下拉列表中选择【每版打印 8 页】选项。然后设置打印份数，单击【打印】按钮，即可将 8 页的内容缩放到一页上打印，如下图所示。

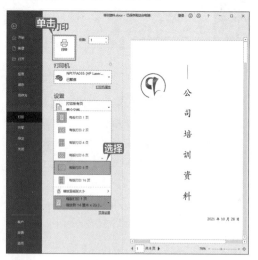

◇ 在某个单元格处开始分页打印

打印 Excel 报表时，系统自动的分页可能将需要在一页显示的内容分在两页，用户可以根据需要设置在某个单元格处开始分页打印，具体操作步骤如下。

第1步 打开"素材\ch12\客户信息管理表.xlsx"文件，如果需要从前 11 行及前 3 列处分页打印，选中 D12 单元格，如下图所示。

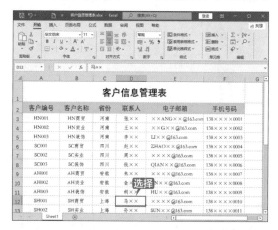

第2步 单击【页面布局】选项卡下【页面设置】组中的【分隔符】按钮，在弹出的下拉列表中选择【插入分页符】选项，如下图所示。

第3步 单击【视图】选项卡下【工作簿视图】组中的【分页预览】按钮，进入分页预览界面，即可看到分页效果，如下图所示。

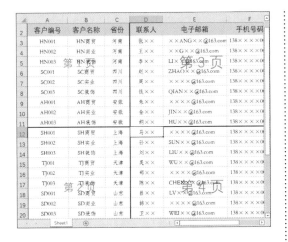

| 提示 |

拖曳中间的蓝色分隔线，可以调整分页的位置，拖曳底部和右侧的蓝色分隔线，可以调整打印区域。

第4步 选择【文件】选项卡，在弹出的界面左侧选择【打印】选项，进入打印预览界面，即可看到将从 D12 单元格处分页打印，如下图所示。

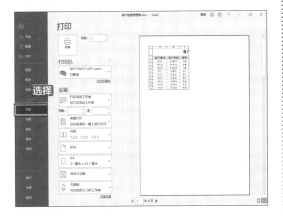

| 提示 |

如果需要将工作表中所有行或列，甚至是工作表中的所有内容在同一个页面打印，可以在打印预览界面单击【设置】选项区域中的【无缩放】下拉按钮，在弹出的下拉列表中根据需要选择相应的选项即可，如下图所示。

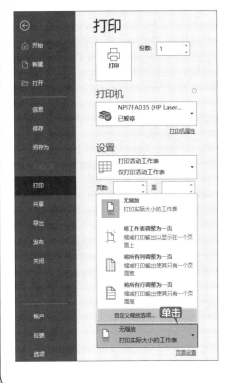

第 13 章
Office 2021 组件间的协作

本章导读

在办公过程中，经常会遇到诸如在 Word 文档中使用表格的情况，而 Office 组件之间可以很方便地进行相互调用，提高工作效率。使用 Office 2021 组件间的协作进行办公，会发挥 Office 办公软件的强大优势。

思维导图

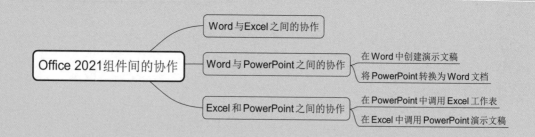

13.1 Word 与 Excel 之间的协作

在 Word 2021 中可以创建 Excel 工作表，这样不仅可以使文档的内容更加清晰、表达的意思更加完整，还可以节约时间。在 Word 文档中插入 Excel 表格的具体操作步骤如下。

第1步 打开"素材\ch13\公司年度报告 .docx"文件，将光标定位在"二、举办多次促销活动"文本上方，单击【插入】选项卡下【文本】组中的【对象】按钮，如下图所示。

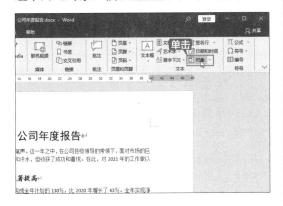

第2步 弹出【对象】对话框，在【由文件创建】选项卡下单击【浏览】按钮，如下图所示。

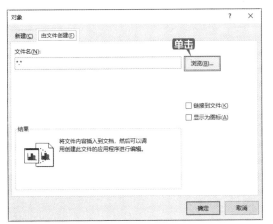

第3步 弹出【浏览】对话框，选择"素材\ch13\公司业绩表 .xlsx"文件，单击【插入】按钮，如下图所示。

第4步 返回【对象】对话框，可以看到插入文件的路径，单击【确定】按钮，如下图所示。

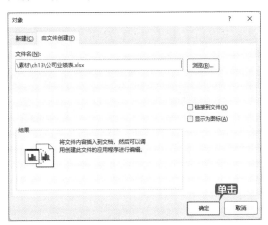

第5步 插入工作表的效果如下图所示。

第6步 双击工作表，进入编辑状态，可以对工作表进行修改，如下图所示。

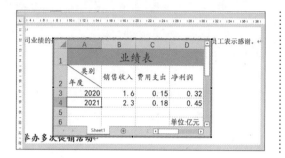

13.2 Word 与 PowerPoint 之间的协作

Word 和 PowerPoint 各自具有鲜明的特点，两者结合使用，会大大提高办公效率。

13.2.1 在 Word 中创建演示文稿

在 Word 2021 中插入演示文稿，可以使 Word 文档内容更加生动直观，具体操作步骤如下。

第1步　打开"素材 \ch13\ 旅游计划 \ 旅游计划 .docx"文件，将光标定位在"行程规划:"文本下方，单击【插入】选项卡下【文本】组中的【对象】按钮回对象，如下图所示。

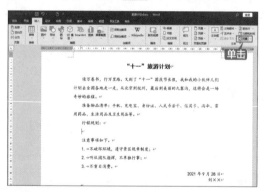

第2步　弹出【对象】对话框，在【新建】选项卡下【对象类型】列表框中选择【Microsoft PowerPoint Presentation】选项，单击【确定】按钮，如下图所示。

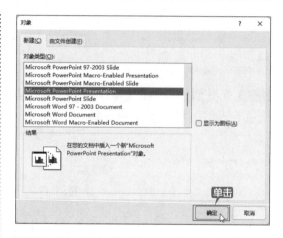

第3步　即可在文档中新建一个空白的演示文稿，并进入其编辑窗口，如下图所示。

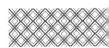

第4步 此时，用户可以根据需求对插入的演示文稿进行编辑，如设计主题、插入图片、添加动画等，如下图所示。

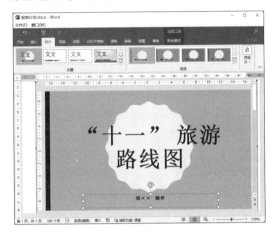

第5步 编辑完成后，按【Esc】键结束演示文稿的编辑，并可根据情况调整对象的大小，效果如下图所示。

第6步 双击新建的演示文稿对象即可进入放映状态，效果如下图所示。

13.2.2 将 PowerPoint 转换为 Word 文档

用户可以将 PowerPoint 演示文稿中的内容转化到 Word 文档中，以方便阅读、打印和检查，具体操作步骤如下。

第1步 打开要转换的演示文稿，选择【文件】选项卡，在弹出的界面左侧选择【导出】选项，在右侧的【导出】选项区域中单击【创建讲义】→【创建讲义】按钮，如下图所示。

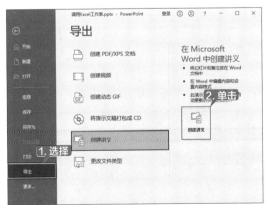

第2步 弹出【发送到 Microsoft Word】对话框，选中【Microsoft Word 使用的版式】选项区域中的【空行在幻灯片下】单选按钮，然后

选中【将幻灯片添加到 Microsoft Word 文档】选项区域中的【粘贴】单选按钮，单击【确定】按钮，即可将演示文稿中的内容转换为 Word 文档，如下图所示。

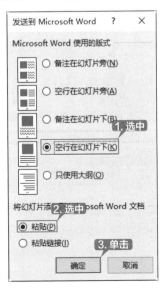

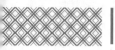

13.3 Excel 与 PowerPoint 之间的协作

在文档的编辑过程中，Excel 和 PowerPoint 之间可以很方便地进行相互调用，制作出更专业的文件。

13.3.1 在 PowerPoint 中调用 Excel 工作表

在 PowerPoint 中调用 Excel 工作表的具体操作步骤如下。

第1步 打开"素材\ch13\调用 Excel 工作表.pptx"文件，选择第 2 张幻灯片，然后单击【开始】选项卡下【幻灯片】组中的【新建幻灯片】按钮，在弹出的下拉列表中选择【仅标题】选项。新建一张"仅标题"幻灯片，在【单击此处添加标题】文本框中输入"各店销售情况"，并根据需要设置标题样式，效果如下图所示。

各店销售情况

第2步 单击【插入】选项卡下【文本】组中的【对象】按钮，弹出【插入对象】对话框，选中【由文件创建】单选按钮，然后单击【浏览】按钮，弹出【浏览】对话框，选择"素材\ch13\销售情况表.xlsx"文件，单击【确定】按钮，即可看到插入文件的路径，单击【确定】按钮，如下图所示。

第3步 此时，即可在演示文稿中插入 Excel 表格，双击表格，进入 Excel 工作表的编辑状态，单击 B9 单元格，输入"=SUM(B3:B8)"，按【Enter】键计算总销售额，如下图所示。

第4步 使用快速填充功能填充 C9:F9 单元格区域，计算出各店总销售额，如下图所示。

第5步 退出编辑状态，适当调整图表大小，完成在 PowerPoint 中调用 Excel 工作表的操作，最终效果如下图所示。

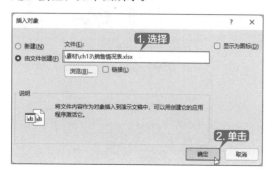

13.3.2 在 Excel 中调用 PowerPoint 演示文稿

在 Excel 2021 中调用 PowerPoint 演示文稿的具体操作步骤如下。

第1步 打开"素材 \ch13\ 公司业绩表 .xlsx"文件，单击【插入】选项卡下【文本】组中的【对象】按钮，如下图所示。

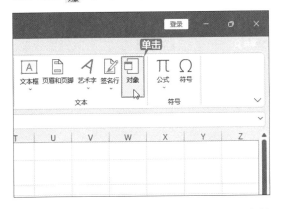

第2步 弹出【对象】对话框，在【由文件创建】选项卡下单击【浏览】按钮，弹出【浏览】对话框，选择"素材 \ch13\ 公司业绩分析 .pptx"文件，单击【插入】按钮，即可看到插入文件的路径，单击【确定】按钮，如下图所示。

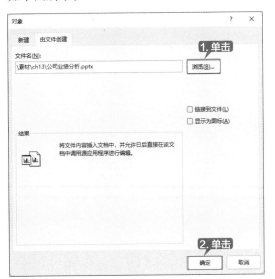

第3步 即可在 Excel 中插入演示文稿，右击插入的幻灯片，在弹出的快捷菜单中选择【Presentation 对象】→【编辑】选项，如下图所示。

第4步 进入幻灯片的编辑状态，可以对幻灯片进行编辑，编辑结束，在任意位置单击，完成幻灯片的编辑，如下图所示。

第5步 退出编辑状态后，双击插入的幻灯片，即可放映幻灯片，如下图所示。

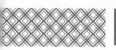

◇ 在 Excel 2021 中导入 Access 数据

在 Excel 2021 中导入 Access 数据的具体操作步骤如下。

第1步 在 Excel 2021 中单击【数据】选项卡下【获取和转换数据】组中的【获取数据】按钮，在弹出的下拉列表中选择【来自数据库】→【从 Microsoft Access 数据库】选项，如下图所示。

第2步 弹出【选取数据源】对话框，选择"素材 \ch13\ 通讯录 .accdb"文件，单击【打开】按钮，如下图所示。

第3步 弹出【导航器】窗口，选择要导入的数据，这里选择【部门】选项，可以预览效果，单击【加载】按钮，如下图所示。如果用户想选择多个数据包，需要选中【选择多项】复选框。

第4步 即可将 Access 数据库中的数据添加到 Excel 工作表中，如下图所示。